Kluge Frauen

aus Medizin & Heilkunde

arsEdition

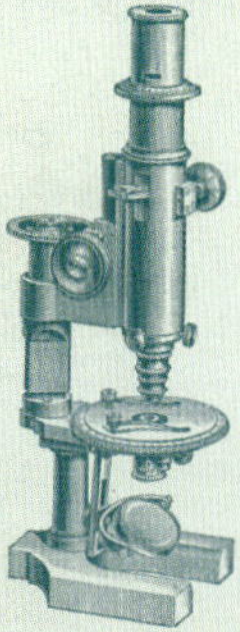

Kluge Frauen aus Medizin & Heilkunde

Den großen Einfluss von Frauen auf die Heilkunde kann man nicht leugnen. Noch heute sind zum Beispiel die Rezepturen der Hildegard von Bingen (1098–1179) in der Naturmedizin aktuell. Im Mittelalter konkurrierten Hebammen und Kräuterfrauen mit den Ärzten, waren jedoch nicht selten der Gefahr der Ausgrenzung oder gar der Verfolgung ausgesetzt. Noch im 19. Jahrhundert war es Frauen in Deutschland verboten, Medizin zu studieren. Dass Frauen heute wie selbstverständlich als Ärztinnen praktizieren, haben wir Vorkämpferinnen wie der Quedlinburgerin Dorothea Erxleben (1715–1762) zu verdanken.

Wir müssen auf die Stimme
unserer Seele hören,
wenn wir gesunden wollen.

Hildegard von Bingen (1098–1179)
DEUTSCHE ÄBTISSIN UND HEILERIN

Vincent van Gogh: Schlafsaal im Hospital in Arles, Öl auf Leinwand, 1889, Sammlung Oskar Reinhart, Winterthur

Ich habe viel helfen können,
und helfen ist doch *das Schönste!*

Gabriele Possanner von Ehrenthal (1860–1940)
UNGARISCH-ÖSTERREICHISCHE ÄRZTIN

Wo die Philosophie endet,
beginnt die *Medizin.*
Weisheit aus Deutschland

Krankenpflege ist keine Ferienarbeit. Sie ist eine *Kunst* und fordert, wenn sie Kunst werden soll, eine ebenso große Hingabe, eine ebenso große Vorbereitung wie das Werk eines Malers oder Bildhauers.

Florence Nightingale (1820–1910)

BRITISCHE KRANKENSCHWESTER

Florence Nightingale, die Begründerin der modernen westlichen Krankenpflege, Fotografie, 1855

Wann bin ich *glücklich?* Nur wenn ich arbeite, Arbeit ist die beste Sache der Welt, ich kann mich in meine Bücher vertiefen und die düstere Gegenwart vergessen.

Helene Deutsch (1884–1982)

Österreichische Psychoanalytikerin

Tu etwas!
Wolle etwas!

Margaret Sanger (1879–1966)
US-AMERIKANISCHE KRANKENSCHWESTER

Margaret Sanger, Mitbegründerin und Aktivistin der Bewegung für Geburtenkontrolle und geplante Elternschaft in den USA, undatierte Fotografie

Heilkraft ist Ausdruck einer *allumfassenden* Kraft im Universum.

Emma Kunz (1892–1963)

SCHWEIZER HEILPRAKTIKERIN

Die Medizin ermöglichte es mir, diese Werte, die mich geprägt haben, auf angemessene Weise auszudrücken. Ich sage immer, dass ich diese Werte mit der Muttermilch aufgesogen habe. *Verantwortung* und Pflicht sind die Begriffe, nach denen ich von klein auf gelebt habe.

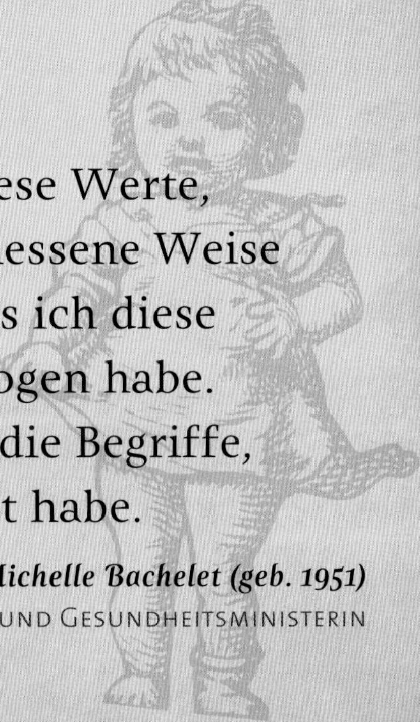

Michelle Bachelet (geb. 1951)

Chilenische Kinderärztin und Gesundheitsministerin

Es ist zweierlei, *Verstand* empfangen haben und den Verstand, den man empfangen hat, auch anzuwenden gelernt haben.

Dorothea Erxleben (1715–1762)
DEUTSCHE ÄRZTIN

Profilbildnis von Dorothea Erxleben, die 1754 als erste deutsche Frau den Doktortitel erwarb, zeitgenössische Zeichnung

Ich bin immer wieder froh, dass ich aus allen den körperlichen Leiden, die mir bestimmt waren, lernen durfte mit der Berufung, nun meinen kranken Schwestern und Brüdern in der Welt zu raten und *zu helfen.*

Anita Backhaus (1898–1972)
DEUTSCHE NATURHEILERIN

Berufung

Jedes Wesen, das in vollkommener *Harmonie* mit den kosmischen Gesetzen lebt, bedient sich in ganz selbstverständlicher und ungezwungener Weise dieser Kräfte.

Emma Kunz (1892–1963)
Schweizer Heilpraktikerin

Elizabeth Blackwell (1707–1758, Namensvetterin der britischen Ärztin): Die Kaper (Illustration aus ihrem Buch »A Curious Herbal«), 1737

Vorbeugen
ist besser als heilen.

Elizabeth Blackwell (1821–1910)
BRITISCHE ÄRZTIN

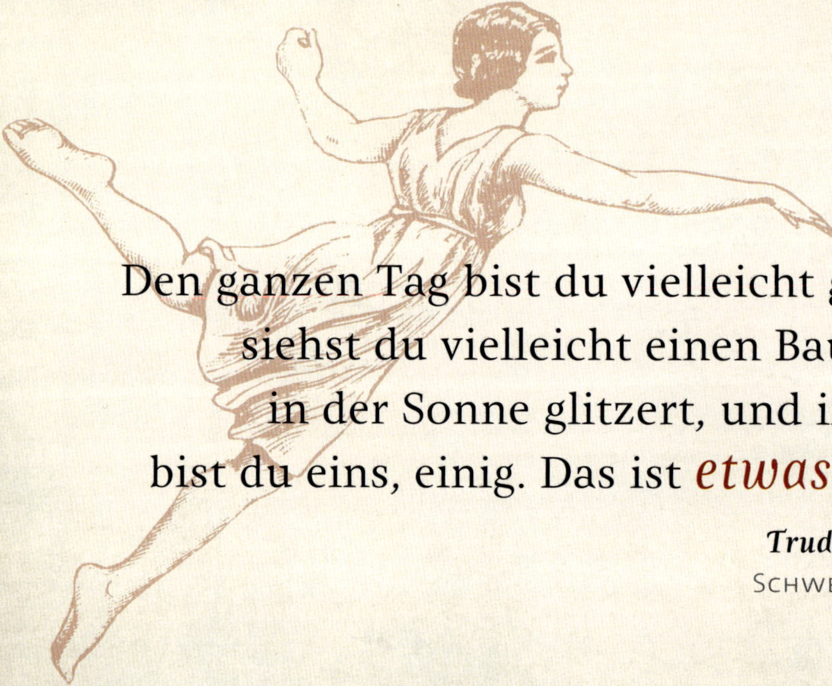

Den ganzen Tag bist du vielleicht geteilt, und dann siehst du vielleicht einen Baum, der so schön in der Sonne glitzert, und in deinem Körper bist du eins, einig. Das ist *etwas Wunderbares!*

Trudi Schoop (1903–1999)
SCHWEIZER TANZTHERAPEUTIN

Anna Freud, die jüngste Tochter von Sigmund Freud und Gründerin der Kinderpsychoanalyse, Fotografie aus den 1920ern

Je mehr ich mich für die Psychoanalyse interessierte, desto mehr sah ich in ihr einen Weg zu jenem breiten und tiefen *Verständnis* der menschlichen Natur, wie es die Schriftsteller besitzen.

Anna Freud (1895–1982)

ÖSTERREICHISCH-BRITISCHE PSYCHOANALYTIKERIN

Das Gefühl der *Einheit* kann nur kommen,
wenn sich keine störenden Einflüsse
im Ich selbst bemerkbar machen.

Helene Deutsch (1884–1982)
Österreichische Psychoanalytikerin

Man kann den Körper nicht ohne *die Seele* heilen
und die Seele nicht ohne den Körper.

Weisheit aus Griechenland

Hildegard von Bingen, Strichzeichnung, 19. Jahrhundert

Denn die Seele ist es,
die dem Menschen den
Lebenshauch zusendet
und dadurch den
Menschen mit lebendigem
Antlitz, mit Gesicht,
Geschmack, Gehör,
Gefühl herrlich begabt.

Hildegard von Bingen (1098–1179)
DEUTSCHE ÄBTISSIN UND HEILERIN

Ohne *Ruhepausen* und genügend häufige und genügend lange Ruhepausen wird jede Muskelgruppe illusorisch.

Hope Bridges Adams Lehmann (1855–1916)

Britisch-deutsche Ärztin

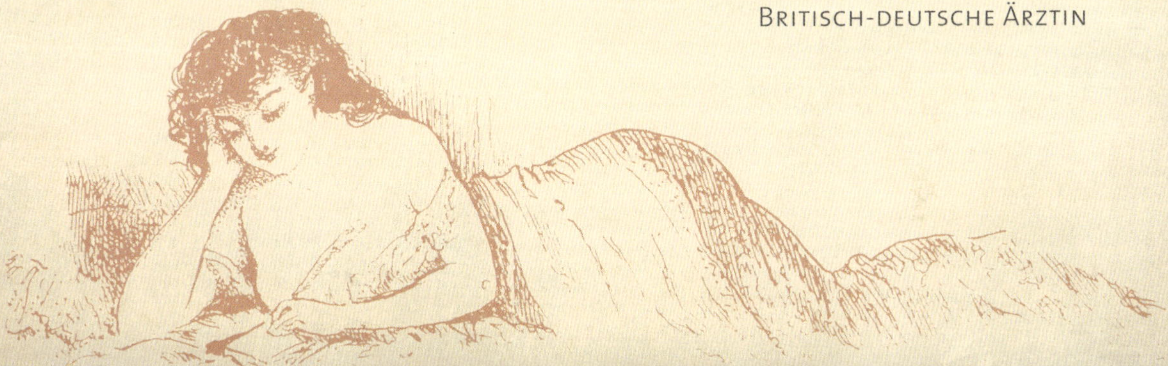

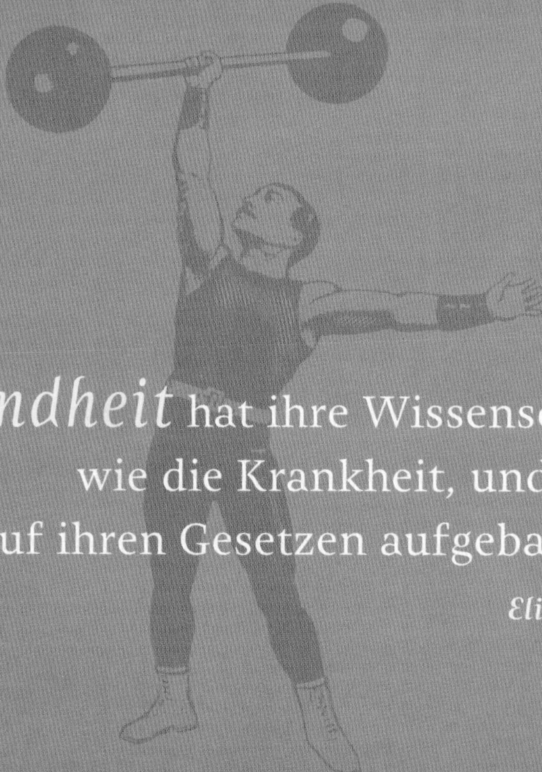

Gesundheit hat ihre Wissenschaft genauso wie die Krankheit, und das alltägliche Leben sollte auf ihren Gesetzen aufgebaut werden.

Elizabeth Blackwell (1821–1910)
Britische Ärztin

Ich habe nie ausschließlich über Geld nachgedacht, sondern eher geglaubt, dass wir geboren sind, um *glücklich* zu sein, wobei der sicherste Weg, sich elend zu fühlen, ist, den Wert des Geldes zu überschätzen.

Mary Seacole (1805–1881)

JAMAIKANISCHE KRANKENSCHWESTER

Die jamaikanische Krankenschwester war auch unter dem Namen »Mutter Seacole« bekannt und diente im Krimkrieg.

Für einen Forscher sind die unvergessenen Momente seines Lebens die seltenen, die nach Jahren mühsam sich dahinschleppender Arbeit kommen, wenn sich der Schleier über dem *Geheimnis der Natur* plötzlich hebt und wenn das, was dunkel und chaotisch war, in klarem Licht und schönster Struktur erscheint.

Gerty Theresa Cori (1896–1957)

Tschechisch-US-amerikanische Medizinerin

Entsprechend ihrem Trieb zum Schützen und *Pflegen* wird die Frau im Arztberuf stark angesprochen von sozialen Fragen, besonders von allen, die Frauen und Kinder betreffen.

Hermine Heusler-Edenhuizen (1872–1955)

DEUTSCHE FRAUENÄRZTIN

Unbekannt: Eine Krankenschwester mit Kerze bringt ein kleines Kind zu Bett, um 1888.

Es macht großen Spaß,
das Unbekannte zu erforschen.

Jane C. Wright (geb. um 1919)
US-amerikanische Pionierin der Chemotherapie

Medizinstu[illegible]n Leichen an der Medizinischen Hochschule für Frau[illegible] Y[illegible]ank Leslie's Illustrated Newspaper«, April 1870.

Wir Frauen müssen an uns selber *glauben,* sonst wird es keiner tun!

Rosalyn Sussman Yalow (1921–2011)

US-amerikanische Physikerin

Am frühen Morgen, oder wenn der Tag schon angebrochen ist, nimm ein *Rosenblatt* und lege es auf deine Augen. Es zieht das Triefen heraus und macht sie klar.

Hildegard von Bingen (1098–1179)
Deutsche Äbtissin und Heilerin

Wer die damaligen
Verhältnisse und
Anschauungen kennt,
wird es begreifen.
Ein junges Mädchen –
ich war noch jung! –
auf einer Universität
und *Medizin* studierend –
undenkbar!

Franziska Tiburtius (1843–1927)
DEUTSCHE ÄRZTIN

Franziska Tiburtius ließ sich 1876 als erste praktische Ärztin in Berlin nieder, Porträtaufnahme, um 1915.

An Kräften fehlt es der Frau nicht,
wie inzwischen vielfach bewiesen ist;
ich möchte im Gegenteil annehmen,
dass sie besonders *ausdauernd* und zäh ist.

Hermine Heusler-Edenhuizen (1872–1955)

DEUTSCHE FRAUENÄRZTIN

Niemand hat Zeit für alles.
Meine *Leidenschaft* war es,
anderen Frauen zu helfen.

Elizabeth Garrett Anderson (1836–1917)

BRITISCHE ÄRZTIN

Die politisch stark engagierte Elizabeth Garrett Anderson gründete zusammen mit Sophia Jex-Blake die London Medical School für Frauen, undatierte Aufnahme.

Das Problem ist, dass ich nicht gut mit *Zweiflern* zurechtkomme und mich noch dazu sicherlich nicht gut selbst verkaufen kann.

Anna Freud (1895–1982)

Österreichisch-britische Psychoanalytikerin

Anna Freud in Berlin, Fotografie, 1928

Ich kann mich an eine Landfrau erinnern, die ernsthaft besorgt darüber war, ob sich *»Frau Doktor«* ebenso gut anhörte wie »Herr Doktor«.

Käte Frankenthal (1889–1976)

Deutsche Ärztin und Gesundheitspolitikerin

Worte haben *die Kraft*
zu zerstören oder zu heilen.
Buddhistische Weisheit

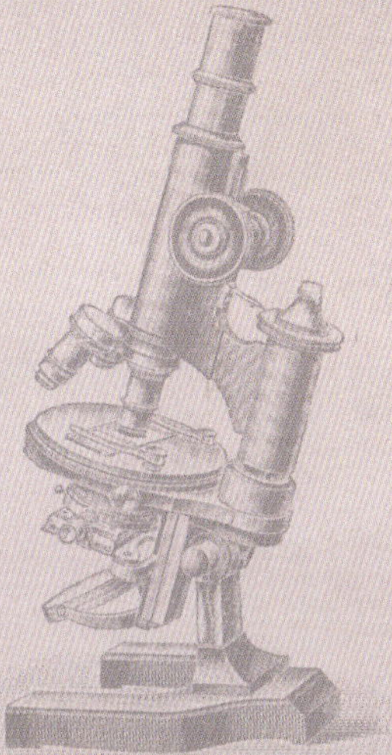

Da ich Ärztin werden wollte,
musste ich zuerst eine *Rebellin* werden.

Else Kienle (1900–1970)
DEUTSCHE ÄRZTIN

Was ist Geschichte, was ist Historie, was zählt?
Die mit oder die ohne die *Erfahrungen* der Frauen?

Monika Hauser (geb. 1959)
Deutsche Ärztin

Je mehr ich es fürchtete,
umso *entschlossener*
war ich, es zu tun.

Margaret Sanger (1879–1966)
US-AMERIKANISCHE KRANKENSCHWESTER

Margaret Sanger, undatierte Fotografie

Ich habe in dieser Zeit gelernt,
fröhlich und leichtherzig zu sein.
Ich bin oft in den Vorraum gegangen,
um gesund und herzhaft zu lachen.
Wobei meine Umgebung sicher
alles andere war als inspirierend.

Marie Zakrzewska (1829–1902)
US-amerikanische Frauenärztin

Ich mag manchmal willens sein, umsonst zu arbeiten. Aber wenn ich bezahlt werde, dann werde ich die Arbeit niemals tun für ein niedrigeres Gehalt, als es *ein Mann* bekommen würde.

Clara Barton (1821–1912)

US-AMERIKANISCHE KRANKENSCHWESTER

Clara Barton gründete das Amerikanische Rote Kreuz, Porträtaufnahme, um 1865.

Die Seele ist die grünende Kraft im Leibe, sie wirkt mittels des Leibes und der Leib mittels der Seele. Das ist der ganze Bestand des Menschen.

Hildegard von Bingen (1098–1179)
DEUTSCHE ÄBTISSIN UND HEILERIN

Mariengarten der Abtei St. Hildegard in Rüdesheim am Rhein, undatierte Fotografie

Alles geschieht nach einer bestimmten Gesetzmäßigkeit, die ich in mir fühle und die mich nie *zur Ruhe* kommen lässt.

Emma Kunz (1892–1963)
Schweizer Heilpraktikerin

Ruhe

Das Glück, welches jeder sich selbst
zu erringen und zu genießen vermag, das Glück,
welches er anderen bereitet oder erobern hilft,
ist also das Ziel der *Lebenskunst.*

Hope Bridges Adams Lehmann (1855–1916)

Britisch-deutsche Ärztin

Ich will *helfen!*

Elsa Brändström (1888–1948)

SCHWEDISCHE KRANKENSCHWESTER

Wie viel zeitraubende Mühe,
wie viel *herzliches Interesse* lag zugrunde!

Franziska Tiburtius (1843–1927)
DEUTSCHE ÄRZTIN

Die *beste* Medizin
für den Menschen
ist der Mensch.
Weisheit aus Afrika

Es geht um den Respekt vor den anderen. Wenn beispielsweise jemand bessere Ausgangsbedingungen hat, muss er *solidarisch* sein mit den anderen.

Michelle Bachelet (geb. 1951)

CHILENISCHE KINDERÄRZTIN UND GESUNDHEITSMINISTERIN

Eine Schwester des Roten Kreuzes und ein Soldat
in Berlin während des Zweiten Weltkriegs

Es gab nicht einfach »richtig« oder »falsch«.

Käte Frankenthal (1889–1976)

DEUTSCHE ÄRZTIN UND GESUNDHEITSPOLITIKERIN

Die Klassenmedizin war aufzuheben, arme und reiche, ledige wie verheiratete Frauen konnten in diesem Krankenhaus den gleichen *Komfort* genießen.

Hope Bridges Adams Lehmann (1855–1916)

Britisch-deutsche Ärztin

Eine Krankenschwester verarztet eine Patientin, undatierte Fotografie.

Im Übrigen wollen wir *helfen*
und heilen und nicht bloß interessieren.

Anna Fischer-Dückelmann (1856–1917)
DEUTSCHE ÄRZTIN

Pflege das Leben,
wo du es triffst.
Hildegard von Bingen (1098–1179)
Deutsche Äbtissin und Heilerin

Ich habe meine Mitte gefunden,
und die anderen Dinge werden,
darauf vertraue ich,
drum herum *wachsen.*

Sophia Jex-Blake (1840–1912)
Britische Ärztin

Sigmund Freud mit seiner Tochter Anna, Fotografie, in den 1920ern

Wir waren alle aufgeregt und voller Energie: Es war, als ob ein ganzer neuer Kontinent entdeckt würde, und wir alle wären die Entdecker und hätten jetzt die Chance, die Dinge zu ändern.

Anna Freud (1895–1982)

Österreichisch-britische Psychoanalytikerin

Jetzt kümmere ich mich nicht
mehr darum, ob die Leute
bemerken, was in mir steckt
oder nicht, solange das,
wofür ich lebe, *Wirklichkeit* wird.

Marie Zakrzewska (1829–1902)
US-amerikanische Ärztin

Wollen wir also unsere Fähigkeiten
und Anlagen, ja unsere ganze Individualität
zur vollen, *edlen Blüte* entfalten,
so müssen wir unsere
Eigenschaften kultivieren.

Gabriele Possanner von Ehrenthal (1860–1940)

Ungarisch-österreichische Ärztin

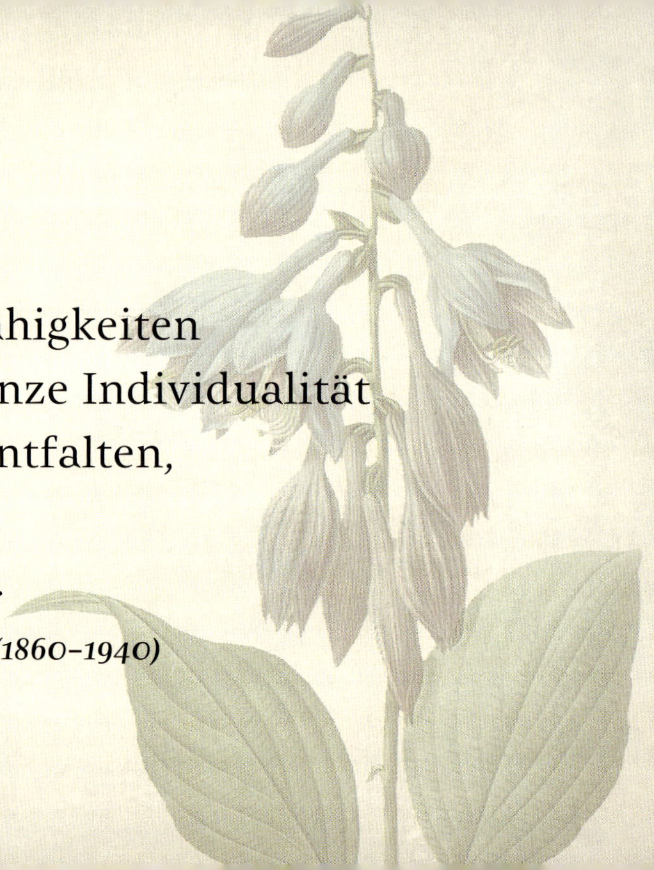

Wenn wir traurig
sein können, so heißt das,
dass wir auch
Fröhlichkeit kennen.

Trudi Schoop (1903–1999)
SCHWEIZER TANZTHERAPEUTIN

Edgar Degas: Zwei Tänzerinnen, um 1900;
Von der Heydt-Museum, Wuppertal

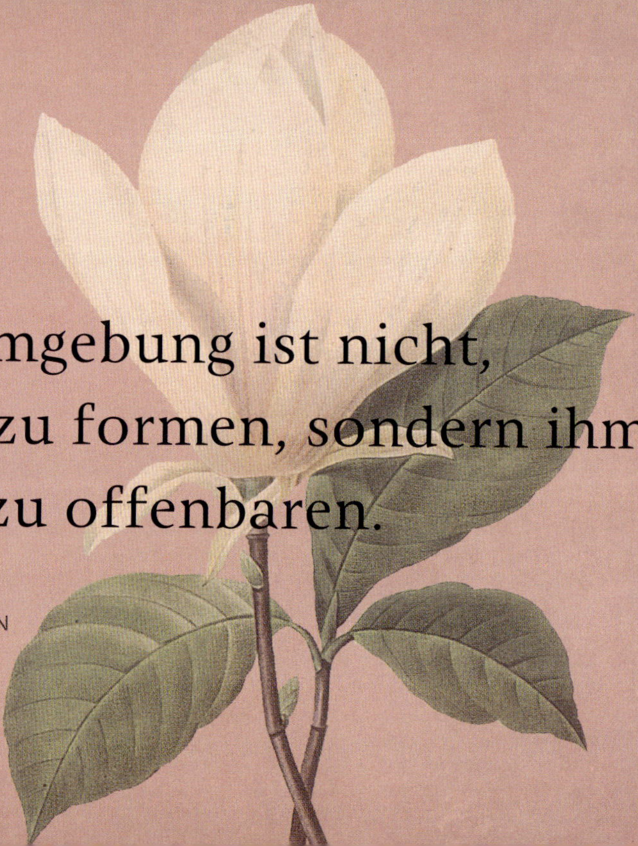

Die Aufgabe der Umgebung ist nicht,
das Kind zu formen, sondern ihm
zu *erlauben,* sich zu offenbaren.

Maria Montessori (1870–1952)

Italienische Ärztin und Pädagogin

Wir müssen von Zeit zu Zeit
eine Rast einlegen und warten,
bis uns unsere Seelen
wieder eingeholt haben.

Indianische Weisheit

Damals war es einfach undenkbar, dass eine Tochter aus gutem Hause einen Beruf ergriff, vom Medizinstudium ganz zu schweigen. Das zwanzigste Jahrhundert hatte zwar schon angefangen, doch die meisten von uns lebten immer noch in der *Vergangenheit.*

Beruf

Else Kienle (1900–1970)
DEUTSCHE ÄRZTIN

Am Rudolf-Virchow-Krankenhaus in Berlin arbeitete die frisch promovierte Ärztin Käte Frankenthal, bevor sie als Militärärztin in den Frontlazaretten der österreichisch-ungarischen Armee diente.

Ich habe meine *Blickwinkel* und meine Meinungen über fast alle Dinge geändert.

Käte Frankenthal (1889–1976)

DEUTSCHE ÄRZTIN UND GESUNDHEITSPOLITIKERIN

Arbeit und *Unabhängigkeit!*
Was kann besser sein?

Sophia Jex-Blake (1840–1912)
BRITISCHE ÄRZTIN

Die Seele liebt in allen Dingen
das diskrete Maß.
Deshalb soll sich der Mensch
in allen Dingen selbst
das *rechte Maß* auferlegen.

Hildegard von Bingen (1098–1179)
DEUTSCHE ÄBTISSIN UND HEILERIN

Unbekannt: Hildegard von Bingen, Gemälde; Hildegard bekam von Papst Eugen III. die offizielle Erlaubnis, ihre Visionen zu veröffentlichen.

Wir werden die Tatsachen nehmen,
wie wir sie finden, und uns nur damit befassen,
wie wir die *Zukunft* zum Besseren lenken können.

Hope Bridges Adams Lehmann (1855–1916)
BRITISCH-DEUTSCHE ÄRZTIN

Ein zufriedener Mensch besitzt die Fähigkeit der Selbstkontrolle, aber nicht jene Art der Selbstkontrolle, die darin besteht, zu ertragen und mit allem zufrieden zu sein, sondern vielmehr jene Selbstkontrolle, die die *Fähigkeit* gibt, zu kämpfen.

Elsa Brändström (1888–1948)

SCHWEDISCHE KRANKENSCHWESTER

Elsa Brändström wurde als »Engel von Sibirien« bekannt, als sie im Ersten Weltkrieg den Gefangenen in russischen Lagern beistand.

Selbst ein Hundertjähriger
sollte in den letzten Jahren seines Lebens
das Lesen guter Schriften nicht unterlassen.

Dorothea Erxleben (1715–1762)
DEUTSCHE ÄRZTIN

Anna Fischer-Dückelmann studierte und promovierte an der Universität Zürich.

Das Volk hat angefangen, sich selbst helfen zu wollen, und jeder einsichtsvolle Arzt wird dieses Bestreben als einen *glücklichen* Fortschritt freudig begrüßen und ihm alle seine Kräfte weihen.

Anna Fischer-Dückelmann (1856–1917)

Deutsche Ärztin

Warum weist ihr uns immer
auf die Natur und habt doch selbst
so wenig *Vertrauen* zu ihr?

Hope Bridges Adams Lehmann (1855–1916)
Britisch-deutsche Ärztin

Das Heilmittel war *Inhalieren* mit Räucherungen wie Wicke, Koriander, Eierschalen mit etwas Öl, ein bisschen Rosmarin und Lavendel und dazu Bettruhe. Ich hatte einmal fast acht Monate Fieber, und damit ging es weg.

Teresa von Avila (1515–1582)

SPANISCHE ORDENSGRÜNDERIN UND HEILERIN

Einer ohne den anderen wäre
nie *so weit* gekommen,
wie wir es nun geschafft haben.

Gerty Theresa Cori (1896–1957)

Tschechisch-US-amerikanische Medizinerin

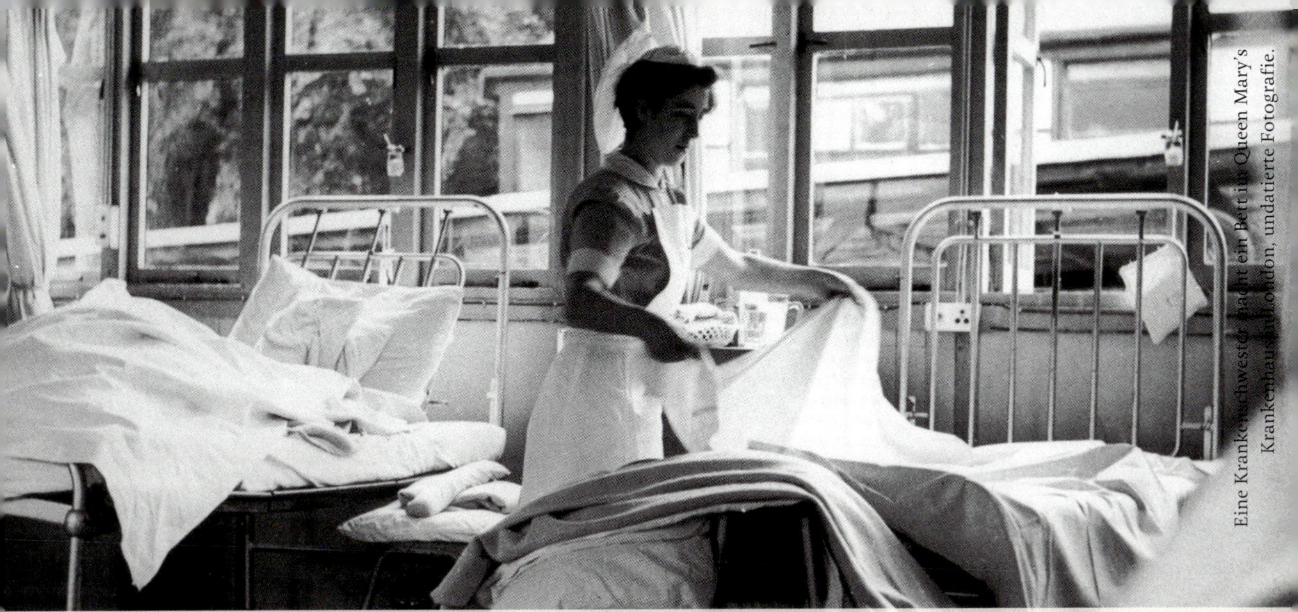

Eine Krankenschwester macht ein Bett im Queen Mary's Krankenhaus in London, undatierte Fotografie.

Es gibt so wenig *Wissen* in der Welt,
wenn man es damit vergleicht, was es zu wissen gäbe.

Margaret Sanger (1879–1966)

US-amerikanische Krankenschwester

Humor ist die Medizin,
die am wenigsten kostet
und am sichersten hilft.

Weisheit aus Deutschland

Ich bin später öfter gefragt worden, ob ich zu Beginn der Praxis viele Kämpfe durchgemacht hätte. Das weiß ich nicht. Zumindest ist es mir nicht zu *Bewusstsein* gekommen. Ich meinte immer nur, das zunächst Notwendige tun zu müssen.

Franziska Tiburtius (1843–1927)
DEUTSCHE ÄRZTIN

Henriette Hirschfeld-Tiburtius, Zahnärztin und Schwägerin von Franziska Tiburtius, Holzstich nach einer Zeichnung von Fritz Kriehuber, 1869

Sigmund Freud mit Frau Martha und Tochter Anna, Fotografie, 1898

Manchmal ist die schönste Sache diejenige,
die völlig unerwartet und unverdient kommt
und daher wirklich *als Geschenk* gegeben wird.

Anna Freud (1895–1982)
Österreichisch-britische Psychoanalytikerin

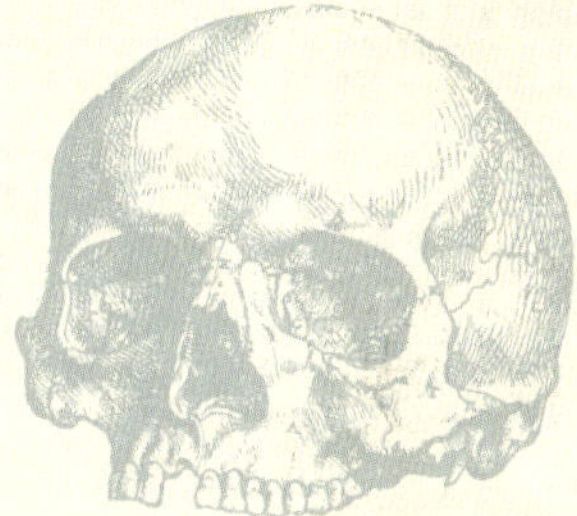

Ich rauchte viel, antwortete mit Überlegenheit
und trug nichts zur Unterhaltung bei.
Danach war ich Frau Doktor und konnte nicht mehr
als arrogant oder langweilig bezeichnet werden.

Käte Frankenthal (1889–1976)

DEUTSCHE ÄRZTIN UND GESUNDHEITSPOLITIKERIN

Hildegard von Bingen: Kampf der Engel und des Teufels um die Seele des Verstorbenen, Illustration aus »Scivias« (»Wisse die Wege«), Faksimile; Rupertsberger Codex

Die Seele ist es auch, die Speise und Trank dem Körper zur Erquickung zuführt. Durch ihre *Funktion* gedeiht der Mensch in allen Einzelheiten seines Leibes und hält sich aufrecht.

Hildegard von Bingen (1098–1179)

DEUTSCHE ÄBTISSIN UND HEILERIN

Ich denke, ich bin wie ein Rettungsboot –
an sich wertlos, aber *nützlich* genug,
um bessere Dinge am Leben zu halten.

Sophia Jex-Blake (1840–1912)
BRITISCHE ÄRZTIN

War aber einmal der Gang der *Natur* wohl erkannt und beobachtet worden, so wurde der Gebrauch der Instrumente seltener, und als ihre Anwendung unumgänglich war, wusste man, wie man der Natur Hilfe leisten müsste.

Marie-Anne-Victoire Boivin (1773–1841)

Französische Hebamme

Mit 22 Jahren war Marie Zakrzewska die Direktorin an der Charité-Klinik für Hebammen in Berlin, emigrierte jedoch bald aufgrund der Ressentiments männlicher Kollegen in die USA.

Ich war immer *beschäftigt.* Und wenn ich frei hatte, war ich froh, für andere zu tun, was ich konnte. Und auch wenn diese Jahre sehr hart waren, betrachte ich sie als einige der besten meines Lebens.

Marie Zakrzewska (1829–1902)

US-amerikanische Frauenärztin

Wissen lässt sich begreifen.

Maria Montessori (1870–1952)

Italienische Ärztin und Pädagogin

Ich wollte immer Kranken-
schwester sein. Weil ich
das älteste Mädchen in einer
Familie mit sechs Kindern
war, wurde von mir von
klein auf erwartet, dass ich
die *Bedürfnisse* der anderen
an oberste Stelle setze.

Rosalind Franklin (1920–1958)

BRITISCHE DNS-FORSCHERIN

Rosalind Franklin macht das entscheidende Foto zur Entschlüsselung der DNS-Struktur, den akademischen Erfolg ernteten an ihrer statt männliche Fachkollegen. Undatierte Fotografie.

Zu meiner Zeit wurde mir erzählt, dass aus Frauen keine *Chemikerinnen* würden. Ich wüsste nicht, warum wir es nicht werden könnten.

Gertrude Belle Elion (1919–1999)

US-amerikanische Pharmakologin

Rosalyn S. Yalow gewann 1977 den Nobelpreis für Medizin für die Entwicklung radioimmunologischer Methoden, Fotografie, 1961.

Ich mochte es,
Dinge zu wissen.
Das, was ich liebe,
ist *Logik*, und diese
charakterisiert
alle Wissenschaft.

***Rosalyn Sussman Yalow* (1921–2011)**
US-AMERIKANISCHE PHYSIKERIN

Oh bitte,
denken Sie an sich,
Sie brauchen
noch *viel Kraft.*

Angela Maria Autsch (1900–1944)
DEUTSCHE ORDENSSCHWESTER

Den immer mehr steigenden Zulauf verdankte ich vielfach der Ungeschicklichkeit der Fachkollegen, die die psychische *Behandlung* der Frau nicht verstanden.

Hermine Heusler-Edenhuizen (1872–1955)

Deutsche Frauenärztin

Und welche Stärkung der Selbstständigkeit,
welche Menge von gesunder, erfrischender,
kräftigender *Körperbewegung* bietet nicht
die Kunst des Radfahrens.

Hope Bridges Adams Lehmann (1855–1916)

BRITISCH-DEUTSCHE ÄRZTIN

Das *Erkennen* dürfte hier weit weniger schwierig sein als das Bekennen.

Rahel Hirsch (1870–1953)

DEUTSCHE PROFESSORIN DER MEDIZIN

Als Jüdin emigrierte Rahel Hirsch 1938 nach London, nachdem ihr in Deutschland die Kassenzulassung entzogen worden war.

Da man keine Mittel hat,
die in den Organismus einmal aufgenommenen
Giftstoffe unschädlich zu machen,
so ist man wenigstens bemüht,
die *Widerstandskraft* der Kranken zu heben.

Anna Fischer-Dückelmann (1856–1917)

Deutsche Ärztin

Unbekannt: Hildegard von Bingen,
Abtei St. Hildegard, Rüdesheim

Ich habe alles
in mir, wodurch
ich *wirken* kann.

Hildegard von Bingen (1098–1179)
DEUTSCHE ÄBTISSIN UND HEILERIN

Wer glaubt, keine Zeit für seine körperliche *Fitness* zu haben, wird früher oder später Zeit zum Kranksein haben müssen.

Weisheit aus China

Hätte man von Anbeginn der Zeiten immer das Nützliche und *Heilsame* nur deswegen unterlassen, weil es noch neu und noch nicht im Gebrauch war, weil es gerade erst erfunden wurde, so würden den Menschen viele Dinge fehlen, deren Nutzen niemals genug gepriesen werden kann.

Dorothea Erxleben (1715–1762)

DEUTSCHE ÄRZTIN

Wir alle sind immer
geteilter Meinung über uns selbst.
Es sind *Sternstunden*,
wenn diese Einheit da ist.

Trudi Schoop (1903–1999)
SCHWEIZER TANZTHERAPEUTIN

Das Wichtigste für den Patienten ist jenes: dass *die Luft,* die er atmet, so frisch gehalten wird, wie die Luft draußen ist, ohne dass ihn friert.

Florence Nightingale (1820–1910)

BRITISCHE KRANKENSCHWESTER

Unbekannt: Florence Nightingale in Scutari, wo sie britische Soldaten während des Krimkriegs versorgte, romantisches Gemälde, 1891

Leistungsunfähigkeit,
unruhige Spannung ist der Vorbote
der *Reifung* bei allen Lebewesen.

Charlotte Bühler (1893–1974)
DEUTSCHE ENTWICKLUNGSPSYCHOLOGIN

Sich selbst zu kennen hat mich gelehrt, mich in jeder schwierigen Situation auf den Boden zu bringen. Feindschaft zu begraben, Ehrgeiz in den Wind zu schlagen, aufrecht zu stehen im Bewusstsein der höheren Qualitäten, die das Wohlergehen der Menschheit ausmachen, auch wenn wir den Weg nicht ganz klar sehen.

Clara Barton (1821–1912)

US-AMERIKANISCHE KRANKENSCHWESTER

Clara Barton versorgte Soldaten während des Amerikanischen Bürgerkriegs, undatierte Fotografie.

Anna Freud mit Schulklasse im Cottage Lyzeum, Wien, Fotografie, 1917

Ich glaube nicht, dass ich ein guter Gegenstand für die Biografen bin. Nicht aufregend genug. Alles, was man über mich sagen kann, lässt sich in einen Satz zusammenfassen: Sie verbrachte *ihr Leben* mit Kindern.

Anna Freud (1895–1982)

Österreichisch-britische Psychoanalytikerin

Ich würde sehr, sehr gerne selbst
die Bühne betreten. Ich denke, ich habe
Talent. Aber dafür ist noch Zeit.

Helene Deutsch (1884–1982)

Österreichische Psychoanalytikerin

Nicht um eine Opposition gegen die mit den anerkannten wissenschaftlichen *Methoden* der Gegenwart arbeitende Medizin handelt es sich. Diese wird von uns in ihren Prinzipien voll anerkannt. Allein wir fügen zu dem, was man mit den heute anerkannten wissenschaftlichen Methoden über den Menschen wissen kann, noch weitere Erkenntnisse hinzu.

Ita Wegmann (1876–1943)
Niederländische Ärztin

Ich entschloss mich, das *Steuer* meines Lebensschiffs umzulegen.

Franziska Tiburtius (1843–1927)
DEUTSCHE ÄRZTIN

Nikolai Alexandrowitsch Jaroschenko: Krankenschwester des Russischen Roten Kreuzes, 1886; Regionales Kunstmuseum, Iwanowo

Während es biologisch mit uns bergab geht,
geht es biografisch mit uns *bergauf*.
Charlotte Bühler (1893–1974)
DEUTSCHE ENTWICKLUNGSPSYCHOLOGIN

Wer nicht zu *ruhen* versteht,
versteht auch nicht zu arbeiten.

Hope Bridges Adams Lehmann (1855–1916)
BRITISCH-DEUTSCHE ÄRZTIN

Alle, ohne Ansehen des Geschlechts, sollten sich ernsthaft um *Gelehrsamkeit* bemühen, ohne sich darum zu sorgen, wer an erster Stelle komme.

Dorothea Erxleben (1715–1762)

DEUTSCHE ÄRZTIN

Zwei Frauen arbeiten am Plakat der Organisation »Geplante Elternschaft«, die von Margaret Sanger gegründet wurde, undatierte Fotografie.

Sag *immer,* was du meinst.

Margaret Sanger (1879–1966)

US-amerikanische Krankenschwester

Ganz besonders ist das Bohnenmehl gut
und *nützlich* für kranke und gesunde Menschen,
weil es leicht und gut verdaulich ist.

Hildegard von Bingen (1098–1179)
Deutsche Äbtissin und Heilerin

Elsa Brändström, hier bei einem Besuch des Kinderchors der Stockholmer Volksschulen, Fotografie, 1945

Je weiter das Gesichtsfeld,
desto mehr *Möglichkeiten* zu gerechtem Verstehen.

Elsa Brändström (1888–1948)

Schwedische Krankenschwester

Zwischen Lachen
und Spielen
werden die *Seelen*
gesund.
Weisheit aus Arabien

Der beste Arzt ist der,
welcher sich *überflüssig* macht.

Anna Fischer-Dückelmann (1856–1917)
DEUTSCHE ÄRZTIN

Die *Kunst* des Heilens
kann nur im Verborgenen wachsen.

Ita Wegman (1876–1943)
NIEDERLÄNDISCHE HEILTHERAPEUTIN

Die Ärztin muss darauf gefasst sein, mit professionellem und sozialem Antagonismus konfrontiert zu werden, was zu schmerzhafter Einsamkeit führt, denn ihr gewährt man keine Unterstützung, keinen Respekt und keinen beruflichen Austausch.

Elizabeth Blackwell (1821–1910)

Britische Ärztin

Elizabeth Blackwell setzte sich für das Frauenstudium ein und leistete Pionierarbeit in der Präventivmedizin, undatierte Fotografie.

Wir müssen geradezu das *Faulenzen* erlernen, wir müssen imstande sein, die Arbeit beiseitezuschieben.

Hope Bridges Adams Lehmann (1855–1916)

BRITISCH-DEUTSCHE ÄRZTIN

Alle Krankheit ist zu dem ein oder anderen *Zeitpunkt* ihres Verlaufs ein wiederherstellender Prozess, der nicht unbedingt mit einem Leiden verbunden sein muss.

Florence Nightingale (1820–1910)

BRITISCHE KRANKENSCHWESTER

Florence Nightingale, Porträt

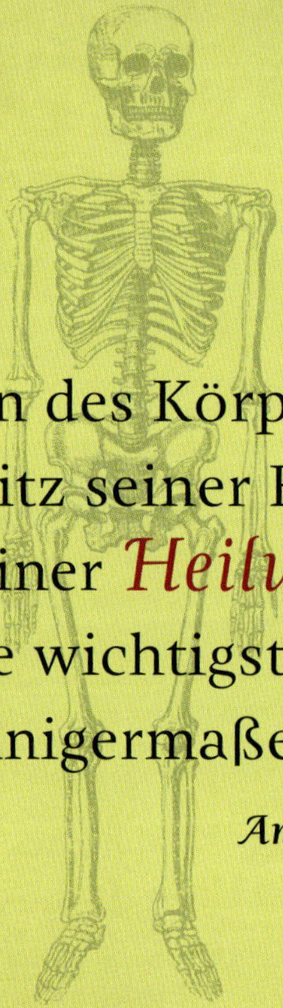

Um die Funktionen des Körpers zu begreifen,
die Ursache, den Sitz seiner Erkrankung,
die Möglichkeit seiner *Heilung* zu verstehen,
muss man über die wichtigsten Organe
unseres Körpers einigermaßen Bescheid wissen.

Anna Fischer-Dückelmann (1856–1917)
Deutsche Ärztin

Ich bin nie lange
an einem Ort geblieben,
bevor sich meine
praktischen Erfahrungen
in der Wissenschaft
der Medizin als nützlich
erwiesen haben.

Mary Seacole (1805–1881)
JAMAIKANISCHE KRANKENSCHWESTER

Mary Seacole, undatiertes Porträt

Wirklich, es versetzt mich in Staunen, wie der Herr immer wieder Leidvolles mit *Glückserfahrung* abwechselt, genau der rechte Weg, um seine Pläne zu verwirklichen.

Teresa von Avila (1515–1582)

Spanische Ordensgründerin und Heilerin

François Gerard: Die heilige Teresa von Avila, Ölgemälde; Maison Saint-Therese, Paris

Das nächste Ziel geht nun dahin, die Frauen zu ermuntern und anzuleiten, sich klar zu werden über das, was sie können, wollen und sollen; ihnen mit Rat und Tat an die Hand zu gehen, wenn sie dann mit *Energie* und Ausdauer den sich gesteckten Weg verfolgen.

Henriette Hirschfeld-Tiburtius (1834–1911)

DEUTSCHE ZAHNÄRZTIN

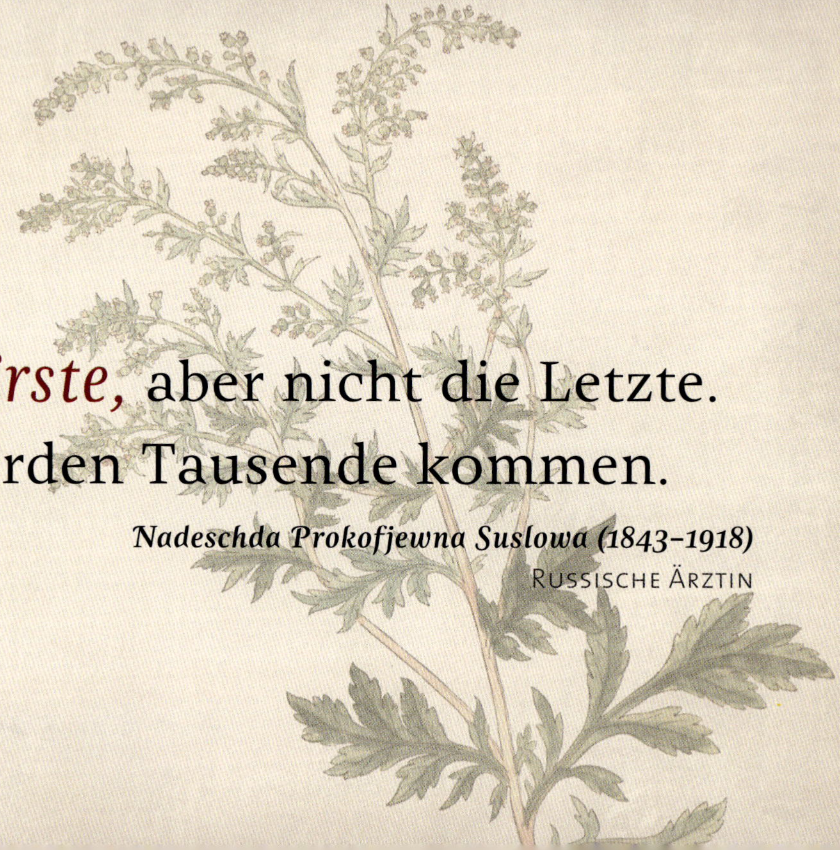

Ich bin *die Erste,* aber nicht die Letzte. Nach mir werden Tausende kommen.

Nadeschda Prokofjewna Suslowa (1843–1918)

Russische Ärztin

Ich glaube,
dass *die Wunder*
des menschlichen Geistes
in Kunst und Wissenschaft
zum Ausdruck kommen.

Gerty Theresa Cori (1896–1957)
TSCHECHISCH-US-AMERIKANISCHE MEDIZINERIN

Die Biochemikerin Gerty Theresa Cori erhielt 1947 den Medizinnobelpreis für ihre Arbeiten zum Zuckerstoffwechsel, undatierte Fotografie.

Es schien mir völlig ungerecht und schmachvoll für Großbritannien, dass alle Töchter, die eine *Hochschulausbildung* wünschten, ins Ausland fahren sollten, um sie zu erhalten.

Sophie Jex-Blake (1840–1912)
BRITISCHE ÄRZTIN

Von 1911–1938 praktizierte Hermine Heusler-Edenhuizen in Berlin.

Dann aber meldete sich gleich das noch nicht ganz abreagierte Minderwertigkeitsgefühl: Werde ich es schaffen können? Und wieder kam das *Verantwortungsgefühl* für die Sache. So nahm ich an.

Hermine Heusler-Edenhuizen (1872–1955)

DEUTSCHE FRAUENÄRZTIN

Ich denke immer *an alle,* alle.

Angela Maria Autsch (1900–1944)

Deutsche Ordensschwester

Lasse dich nicht von anderen *entmutigen* und lasse dir nicht sagen, dass du etwas nicht tun kannst.

Gertrude Belle Elion (1918–1999)

US-amerikanische Pharmakologin

Kürbisse sind trocken und kalt. Sie sind zum Essen gut sowohl für die Kranken als auch für die Gesunden.
Hildegard von Bingen (1098–1179)
DEUTSCHE ÄBTISSIN UND HEILERIN

Wenn auch nichts Epochemachendes
bei dieser Arbeit herauskam,
so hat sie doch wohl ein Steinchen
eingefügt in den Weg zur *Erkenntnis.*

Hermine Heusler-Edenhuizen (1872–1955)
DEUTSCHE FRAUENÄRZTIN

Bei großer Hitze sind Fußbäder ebenso *gesund* wie genussvoll.

Anna Fischer-Dückelmann (1856–1917)

Deutsche Ärztin

Krankenschwestern des Deutschen Roten Kreuzes während des Ersten Weltkriegs, Fotografie

Eine geschlossene und entschlossene Gruppe von Frauen könnte in kurzer Zeit die öffentliche *Meinung* einer ganzen Stadt umgestalten.

Hope Bridges Adams Lehmann (1855–1916)

BRITISCH-DEUTSCHE ÄRZTIN

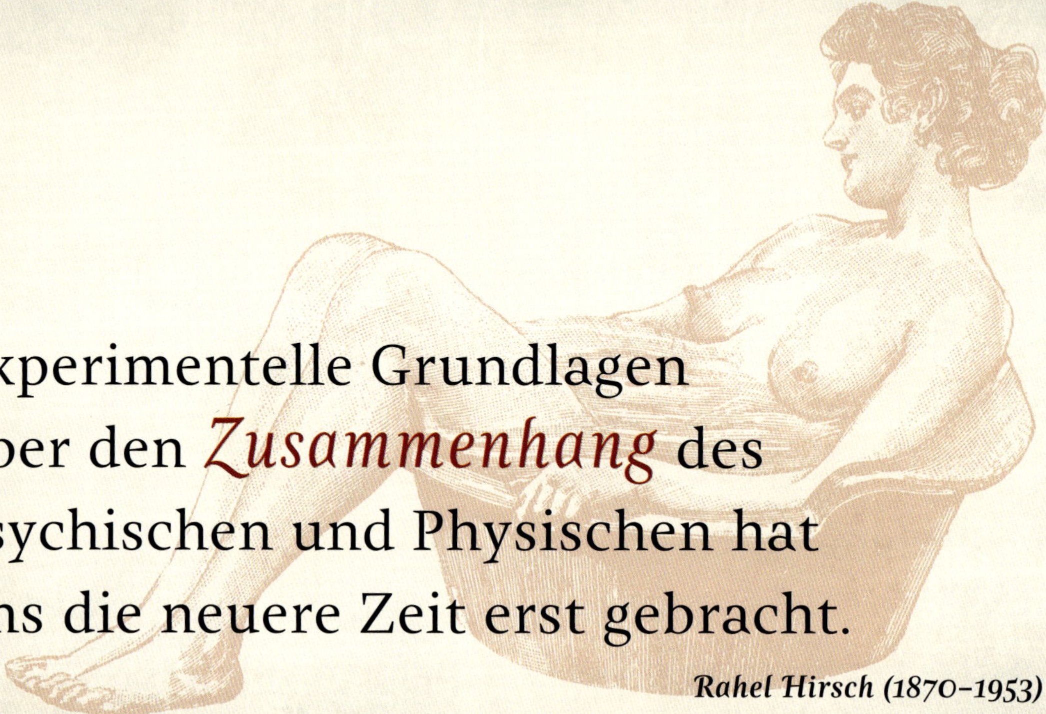

Experimentelle Grundlagen über den *Zusammenhang* des Psychischen und Physischen hat uns die neuere Zeit erst gebracht.

Rahel Hirsch (1870–1953)

DEUTSCHE PROFESSORIN DER MEDIZIN

Vincent van Gogh: Garten des Hospitals in Arles,
Öl auf Leinwand, 1898; Sammlung Oskar Reinhart, Winterthur

Der Arzt behandelt, die Natur heilt.

Lateinisches Sprichwort

Die Lehre der Anthroposophie – eine *Quelle der Weisheit,* von der ich unermüdlich schöpfte und die es schaffte, mehr als ein Problem zu lösen und zu beleuchten, das bisher in der Medizin ungelöst war.

Ita Wegman (1876–1943)
NIEDERLÄNDISCHE ÄRZTIN

Ich weiß die *Antwort* nicht, aber ich versuche, sie herauszufinden.

Anna Freud (1895–1982)

Österreichisch-britische Psychoanalytikerin

Anna Freud, Fotografie, um 1914

In Trotz und Wildheit, Launenhaftigkeit und Schlaffheit wird das körperliche und *seelische* Unbehagen abreagiert.

Charlotte Bühler (1893–1974)

Deutsche Entwicklungspsychologin

Clara Barton, Fotografie, in den 1890ern

Die *Tür*, die niemand sonst öffnen will,
scheint immer weit aufzuspringen für mich.

Clara Barton (1821–1912)

US-AMERIKANISCHE KRANKENSCHWESTER

Das Krankenbett sollte immer an der hellsten Stelle im Zimmer stehen; und der Patient sollte aus dem *Fenster* schauen können.

Florence Nightingale (1820–1910)
BRITISCHE KRANKENSCHWESTER

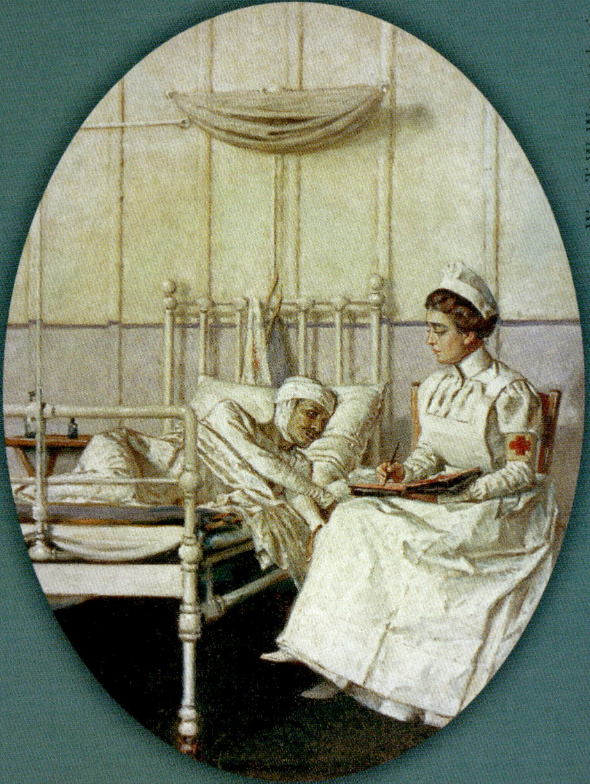

Wassili W. Werestschagin: Brief an die Mutter, Gemälde, 1911, Kunstmuseum, Jaroslawl

Ich werde euch *gesund* machen,
so Gott will, wenn ihr mir vertraut.

Jacoba Félicie (geb. um 1320)
FRANZÖSISCHE HEILERIN

Mein *Glück* unterlag all den Variationen, die jeden befallen. Manchmal war ich an einem Tag reich und am nächsten arm.

Mary Seacole (1805–1881)
JAMAIKANISCHE KRANKENSCHWESTER

Ich muss meine *Versprechen* halten.

Margaret Sanger (1879–1966)
US-AMERIKANISCHE KRANKENSCHWESTER

Margaret Sanger wurde in den USA wegen ihrer Einstellung zur Geburtenkontrolle heftig kritisiert. Fotografie, 1916

Es ist eine Folge biologischer Regeln,
dass jede Form von Bedürfnisbefriedigung für eine neue aufgegeben wird, wenn sie das aktuelle Streben nach *Vergnügen* nicht mehr bedienen kann.

Helene Deutsch (1884–1982)
Österreichische Psychoanalytikerin

Sandro Botticelli: »Die drei Grazien«, Detail aus »Frühling«, Tempera auf Holz, Galleria degli Uffici, Florenz

In der Schwere zum Beispiel liegt auch die Leichtigkeit. Es gibt jedoch Menschen, deren Schwere die Leichtigkeit nicht wahrhaben will. Sie sind aus dem Gleichgewicht und werden zu einseitigen Spezialisten der Schwere.

Trudi Schoop (1903–1999)

SCHWEIZER TANZTHERAPEUTIN

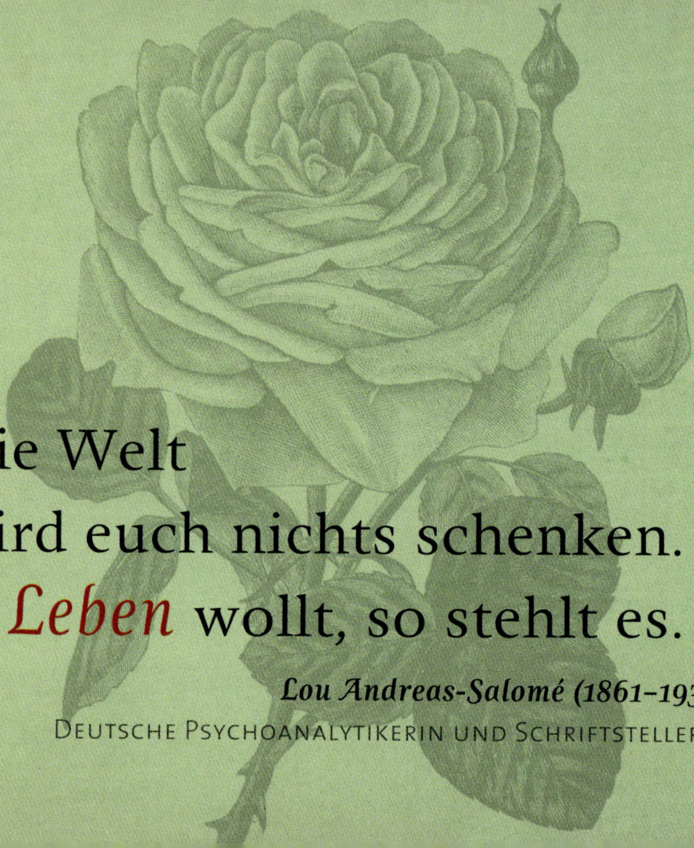

Glaubt mir, die Welt
wird euch nichts schenken.
Wenn ihr ein *Leben* wollt, so stehlt es.

Lou Andreas-Salomé (1861–1937)

Deutsche Psychoanalytikerin und Schriftstellerin

Der Salbei tröstet,
die Rose *erfreut.*

Hildegard von Bingen (1098–1179)
DEUTSCHE ÄBTISSIN UND HEILERIN

Ratschläge
sind wie Medizin:
Je *besser* sie sind,
umso schlechter
schmecken sie.
Weisheit aus Montenegro

Ich versuchte, *mein Bestes* zu geben.

Marie Zakrzewska (1829–1902)

US-amerikanische Frauenärztin

In der Liebe müssen wir ebenso
stark sein wie in *Körper und Geist,*
um die Aufgaben unserer Zeit zu erfüllen.

Hope Bridges Adams Lehmann (1855–1916)
Britisch-deutsche Ärztin

Die größte Vergeudung
unseres Lebens
besteht in der *Liebe,*
die nicht gegeben wird.

Elsa Brändström (1888–1948)
SCHWEDISCHE KRANKENSCHWESTER

Elsa Brändström organisierte im Ersten Weltkrieg als Delegierte des Roten Kreuzes Lieferungen von Kleidung, Lebensmitteln und Medikamenten, um das Los der deutschen und österreichischen Kriegsgefangenen in Sibirien zu erleichtern, undatierte Fotografie.

Gesundheit muss auch stets die Grundlage der *Schönheit* bleiben.

Anna Fischer-Dückelmann (1856–1917)
Deutsche Ärztin

Es gelten die gleichen *Regeln* für die Gesundheits- beziehungsweise die Krankenpflege, weil es in Wirklichkeit dieselben sind, bei den Gesunden sowie bei den Kranken.

Florence Nightingale (1820–1910)

BRITISCHE KRANKENSCHWESTER

Florence Nightingale, Zeichnung, 1868

Zürich ist die Geburtsstadt der Tanztherapeutin Trudi Schoop.

Das finde ich am Alter so wunderbar.
Das ist eigentlich für mich die *schönste Zeit*
meines Lebens: wo ich einfach nur sehen darf.

Trudi Schoop (1903–1999)
SCHWEIZER TANZTHERAPEUTIN

Wie viel Leid könnte abgewendet werden, wenn die Menschen unterrichtet würden, wie sie ihre *Gesundheit* erhalten können.

Dorothea Erxleben (1715–1762)

DEUTSCHE ÄRZTIN

Jedes ästhetische Vergnügen, es komme von der Betrachtung einer Landschaft oder einem Kunstobjekt, ist immer gezeichnet von einem *Gefühl* der Identität zwischen dem Ich und der Welt außerhalb.

Helene Deutsch (1884–1982)
Österreichische Psychoanalytikerin

Ich bin gesund und *stark*
und jung – jung genug,
um an die Front zu gehen.
Wenn ich nicht Soldat
sein kann, werde ich eben
den Soldaten helfen.

Clara Barton (1821–1912)
US-amerikanische Krankenschwester

Clara Barton meldete sich während des Amerikanischen Bürgerkriegs freiwillig zur Versorgung der verwundeten Soldaten, undatierte Fotografie.

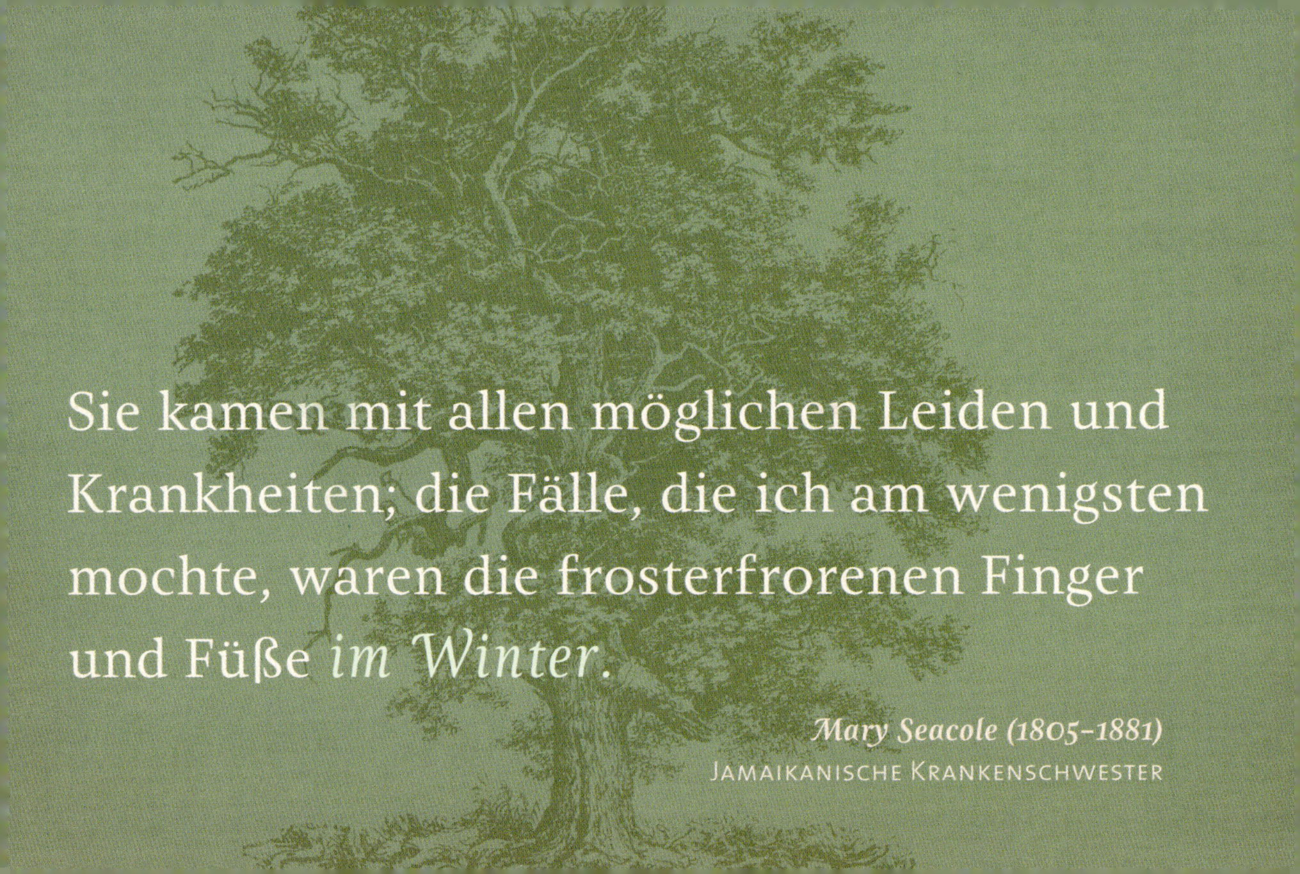

Sie kamen mit allen möglichen Leiden und Krankheiten; die Fälle, die ich am wenigsten mochte, waren die frosterfrorenen Finger und Füße *im Winter*.

Mary Seacole (1805–1881)
JAMAIKANISCHE KRANKENSCHWESTER

Kein Baum grünt
ohne *Kraft* zum Grünen,
kein Stein entbehrt
die grüne Feuchtigkeit,
kein Geschöpf ist ohne
diese besondere Eigenkraft;
die lebendige Ewigkeit
selber ist nicht ohne
diese Kraft zum Grünen.

Hildegard von Bingen (1098–1179)
DEUTSCHE ÄBTISSIN UND HEILERIN

Klosterruine Disibodenberg,
von 1106 bis 1148 lebte hier Hildegard von Bingen, Fotografie, 2006.

Ich war voller *Energie* und Kraft und voller Unzufriedenheit, die mit Untätigkeit Hand in Hand geht.

Elizabeth Garrett Anderson (1836–1917)

Britische Ärztin

Der Gedanke, den *Doktorgrad* zu erwerben, nahm langsam den Charakter eines großen moralischen Feldzuges an.

Elizabeth Blackwell (1821–1910)

Britische Ärztin

Elizabeth Blackwell studierte am Geneva College in den USA, wo die Studenten ihren Aufnahmeantrag anfänglich für einen Witz hielten, Fotografie, um 1880.

Wer hat sich noch nicht gewünscht, dass solche Dinge wie die mentale *Fotografie* möglich wären?

Sophie Jex-Blake (1840–1912)

Britische Ärztin

Jane C. Wright wurde 1971 die erste weibliche Präsidentin der New Yorker Krebs-Stiftung, Fotografie, 1958.

Es gibt keinen größeren Nervenkitzel, als ein Experiment zu machen, dessen Ergebnis so ausfällt, dass du einen positiven wissenschaftlichen Beitrag machst.

Jane C. Wright (geb. um 1919)

PIONIERIN DER CHEMOTHERAPIE

Wer *gesund* sein will, muss ein Drittel sitzen, ein Drittel stehen und ein Drittel gehen.

Weisheit aus Deutschland

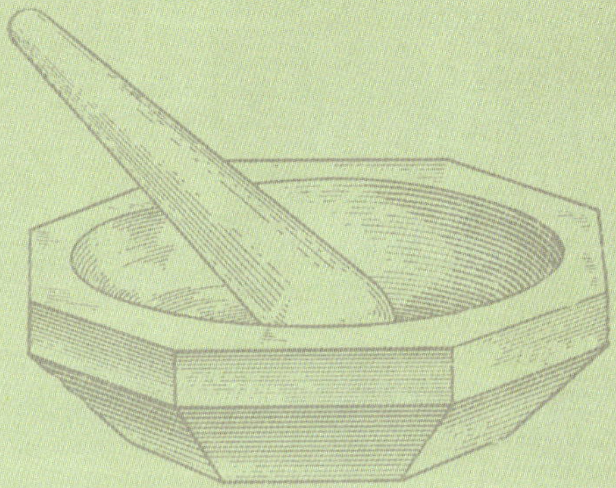

Wir stehen mitten in einer *Entwicklung,* wie die Weltgeschichte noch keine gesehen hat, und ganz neue und gewaltige Änderungen sind noch vor der Tür.

Hope Bridges Adams Lehmann (1855–1916)
BRITISCH-DEUTSCHE ÄRZTIN

Sigmund Freud und Tochter Anna, Fotografie, 1913

Ich hatte immer großes *Glück* in meinem Leben. Von Beginn an war es mir möglich, mich zwischen Praxis und Theorie hin und her zu bewegen.

Anna Freud (1895–1982)

Österreichisch-britische Psychoanalytikerin

Ich wünschte, es gäbe Institutionen, die Frauen von klein auf *Bildung* ermöglichen, welche ihnen ermöglichen würde, wie junge Männer ihren Lebensunterhalt zu verdienen.

Marie Zakrzewska (1829–1902)
US-AMERIKANISCHE FRAUENÄRZTIN

»Habe gehört, Sie *studieren* jetzt Medizin. Na ja, wir wollen nicht darüber sprechen.«

Franziska Tiburtius (1843–1927)

DEUTSCHE ÄRZTIN

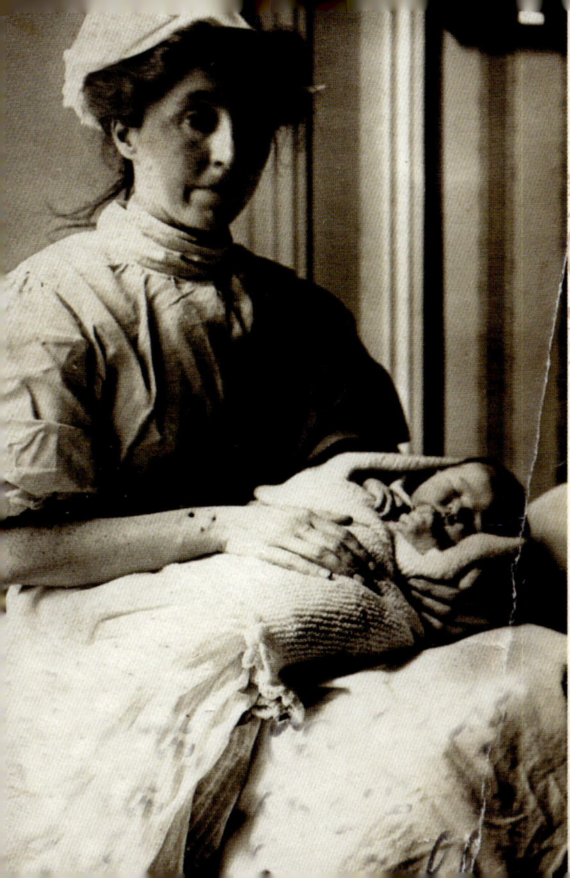

Hebamme mit Neugeborenem, Fotografie, 1914

Ich glaube demnach hinreichend dargetan zu haben, dass ein gründlicher Unterricht in allen Teilen der Kunst und auf die *Hilfsquellen* der Natur gegründeten Kenntnisse, den Gebrauch von Instrumenten in vielen Fällen überflüssig machen kann.

Marie-Anne-Victoire Boivin (1773–1841)

Französische Hebamme

Eine Frau etatmäßige Assistentin in Deutschland! Das war mehr, als ich mir in kühnster *Fantasie* hätte ausmalen können.

Hermine Heusler-Edenhuizen (1872–1955)

DEUTSCHE FRAUENÄRZTIN

Es bleibt demnach dabei, dass Unterweisung, die Lektüre nützlicher Bücher und eigene *Meditation* die wahren Mittel sind, der Gelehrsamkeit teilhaftig zu werden.

Dorothea Erxleben (1715–1762)
DEUTSCHE ÄRZTIN

Das Geburtshaus von Dorothea Erxleben in Quedlinburg, Fotografie, 1938

Wenn die Gesellschaft nicht die freie *Entwicklung* der Frau akzeptiert, dann muss die Gesellschaft umgestaltet werden.

Elizabeth Blackwell (1821–1910)

Britische Ärztin

Krankenpflege ist eine der schönsten Künste,
fast hätte ich gesagt – die schönste aller Künste.

Florence Nightingale (1820–1910)
Britische Krankenschwester

Florence Nightingales Krankenwagen, Fotografie, 1906

Die *Frauenfrage* ist die Männerfrage.
Das war sie von jeher, das ist sie heute,
das wird sie in aller Zukunft sein.

Hope Bridges Adams Lehmann (1855–1916)
DEUTSCHE ÄRZTIN

Etwas Geringeres,
als es die Seele ist,
erfüllt ihre *Sehnsucht* nicht.
Teresa von Avila (1515–1582)
Spanische Ordensgründerin und Heilerin

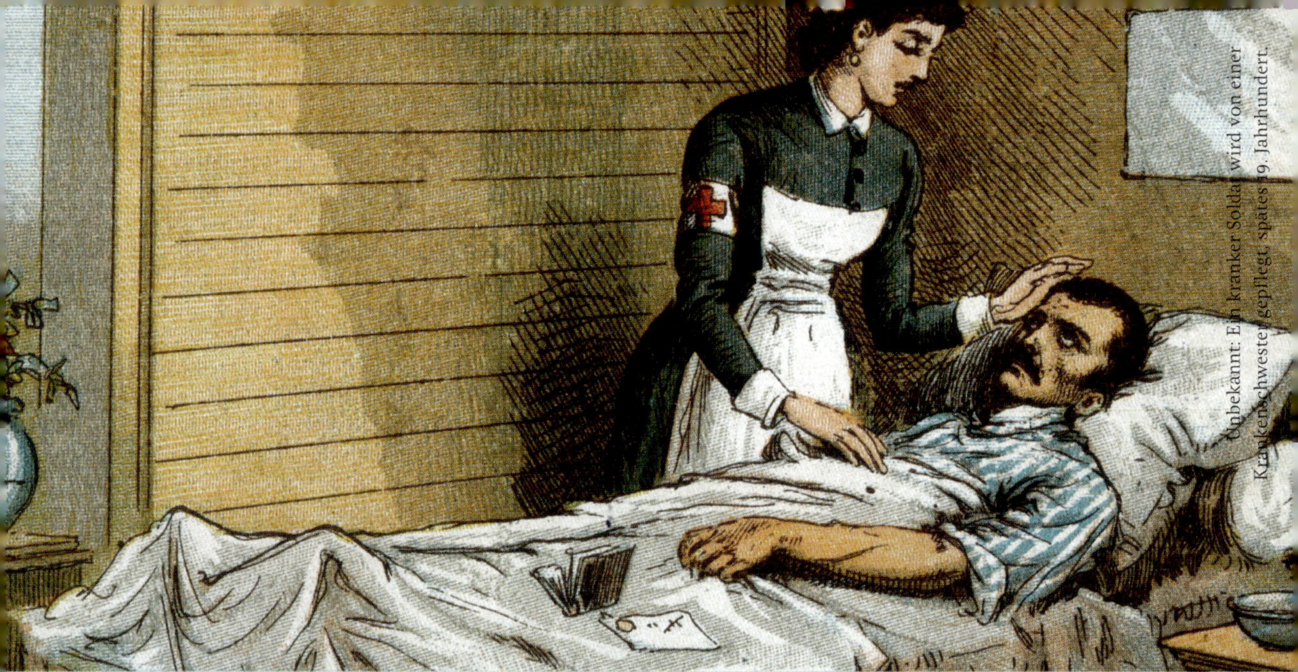

Unbekannt: Ein kranker Soldat wird von einer Krankenschwester gepflegt, spätes 19. Jahrhundert.

Der Einzelfall muss *individuell* beurteilt werden.

Rahel Hirsch (1870–1953)

Deutsche Professorin der Medizin

»Mich aber würde nie *Rücksicht* auf Stellung und Kollegialität abhalten«, habe ich ihm erwidert, »einzugreifen, sobald ich eine Frau unnütz leiden sehe.«

Hermine Heusler-Edenhuizen (1872–1955)

DEUTSCHE FRAUENÄRZTIN

Der Mensch hat *das Netz* des Lebens
nicht gewebt, er ist nur ein Faden darin.
Was immer er ihm antut, tut er sich selbst an.

Indianische Weisheit

Später legte ich noch mehr Wert auf eine
Haltung von energievoller, guter Gesundheit.
Ich lernte Boxen, Fechten und Jiu-Jitsu.
So entwickelte ich eine *ungewöhnliche Stärke*
für eine Frau und war stolz darauf.

Käte Frankenthal (1889–1976)
Deutsche Ärztin und Gesundheitspolitikerin

Hat die Kranke kein Fieber, so muss man ihr durch Malagawein, durch kaltes, aber nährendes *Getränk* und gute Fleischbrühen aufhelfen.

Marie-Anne-Victoire Boivin (1773–1841)

Französische Hebamme

Die Wasser fließen,
wie wenn sie lebten.
Die *Sonne* lodert leben-
dig im Licht, und der
Mond wird vom Feuer
der Sonne entzündet
und immer wieder
von Neuem belebt.

Hildegard von Bingen (1098–1179)

DEUTSCHE ÄBTISSIN UND HEILERIN

Unbekannt: Die Inspiration der heiligen Hildegard, Holzschnitt, 1524;
Aus: »Die Legend von der seligen Jungfrawen sant Hildegard«, Oppenheim

Lass mich für *die Welt* gestorben sein!

Angela Maria Autsch (1900–1944)

DEUTSCHE ORDENSSCHWESTER

Was für heute wahr ist, kann zu keiner Zeit Nonsens werden. Man lebt nur in der *Gegenwart* und muss sich daran gewöhnen!

Anna Freud (1895–1982)

Österreichisch-britische Psychoanalytikerin

Anna Freud, Fotografie, 1912

Je größer der *Widerstand* war,
dem ich begegnete, desto intensiver
gab ich mich meinen Studien hin.

Käte Frankenthal (1889–1976)
DEUTSCHE ÄRZTIN UND GESUNDHEITSPOLITIKERIN

Studium

Im zweiten Jahr meiner Kliniktätigkeit bekam ich die Leitung der geburtshilflichen Poliklinik, von der aus wir in die Stadt und *aufs Land* gerufen wurden. Uns holte für solche Fahrten ein Landauer mit zwei Pferden ab.

Hermine Heusler-Edenhuizen (1872–1955)

DEUTSCHE FRAUENÄRZTIN

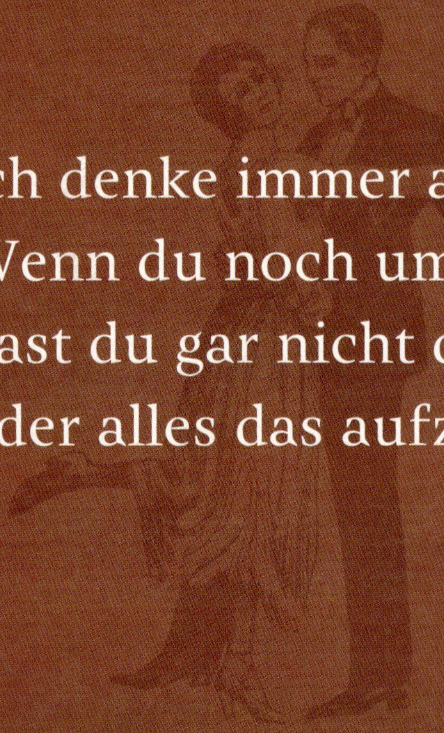

Ich denke immer an eine *Erfüllung*.
Wenn du noch um dein Dasein kämpfst,
hast du gar nicht die Zeit, nachzudenken
oder alles das aufzunehmen.

Trudi Schoop (1903–1999)
SCHWEIZER TANZTHERAPEUTIN

Die Begeisterung für das Lernen trennt die Jugend vom Alter. Solange du lernst, bist du nicht alt.

Rosalyn Sussman Yalow (1921–2011)

US-amerikanische Physikerin

Du bist nur *ein Kind,*

wenn du dich selbst wie eines fühlst.

***Helene Deutsch** (1884–1982)*

ÖSTERREICHISCHE PSYCHOANALYTIKERIN

Kind

Ich mag gezwungen sein,
der Gefahr zu begegnen,
aber ich fürchte sie nicht,
und solange unsere Soldaten
stehen und kämpfen
können, kann ich stehen
und sie speisen und *pflegen.*

Clara Barton (1821–1912)

US-AMERIKANISCHE KRANKENSCHWESTER

Amerikanischer Bürgerkrieg. Verwundete der Union im Krankenhaus. Washington, D.C., Fotografie, 1864

Fürchte nicht, dass der *Körper,*
sondern dass die Seele altert.

Weisheit aus China

Seele

Ich glaube, dass wir alle unsere *Rollen* haben, die wir spielen müssen.

Margaret Sanger (1879–1966)

US-amerikanische Krankenschwester

Margaret Sanger mit ihrer Schwester Ethel Byrne (rechts) im Gerichtssaal, Fotografie, 1916

Herz,
du verlierst
sehr viel,
wenn du nichts
aushältst!

Florence Nightingale (1820–1910)
BRITISCHE KRANKENSCHWESTER

Florence Nightingale, undatiertes Porträt

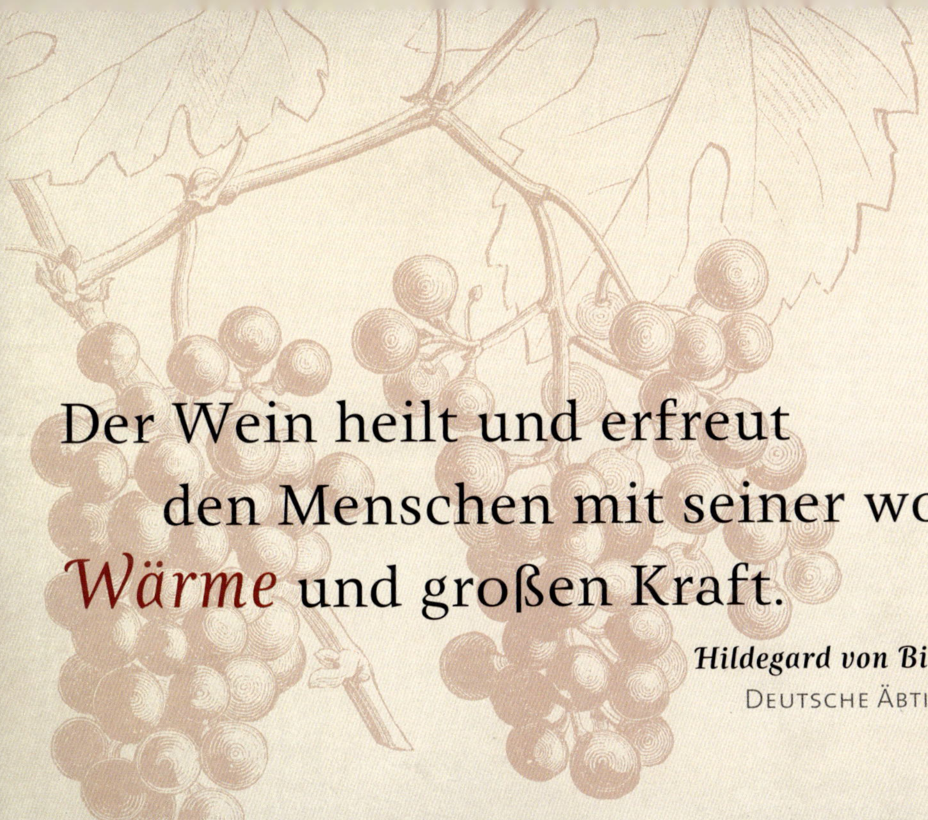

Der Wein heilt und erfreut
den Menschen mit seiner wohltuenden
Wärme und großen Kraft.

Hildegard von Bingen (1098–1179)
DEUTSCHE ÄBTISSIN UND HEILERIN

Wir brauchen *viel Wasser* in unserem Körper!

Anna Fischer-Dückelmann (1856–1917)
Deutsche Ärztin

Mutter Teresa, Fotografie, um 1979

Lasse nie zu, dass du jemandem begegnest,
der nicht nach der *Begegnung* mit dir glücklicher ist.

Mutter Teresa (1910–1997)

RÖMISCH-KATHOLISCHE ORDENSSCHWESTER

Ein Augenblick der *Seelenruhe* ist besser als alles, was du sonst erstreben magst.

Weisheit aus Persien

Unsere schulische Bildung ignoriert
auf viele Arten die Regeln
einer gesunden *Entwicklung.*

Elizabeth Blackwell (1821–1910)
Britische Ärztin

Wie unzulänglich ist das Schlagwort »Frauenfrage«, wie töricht jede Betrachtung der Frau abseits vom Manne, wie aussichtslos jeder *Befreiungskampf* der Frau, der nicht den Mann mitbefreit.

Hope Bridges Adams Lehmann (1855–1916)

DEUTSCHE ÄRZTIN

Eine Krankenschwester liest den kleinen Patienten eines Kinderkrankenhauses in London eine Gutenachtgeschichte vor, Fotografie, 1930.

Ich könnte nicht leben ohne eine wirkliche *Arbeit.*

Elizabeth Garrett Anderson (1836–1917)

BRITISCHE ÄRZTIN

Am Abend kann der Mensch das Gleiche essen wie untertags. Allerdings soll er rechtzeitig vor der Nacht essen, damit er noch einen *Spaziergang* machen kann, bevor er sich schlafen legt.
Hildegard von Bingen (1098–1179)
Deutsche Äbtissin und Heilerin

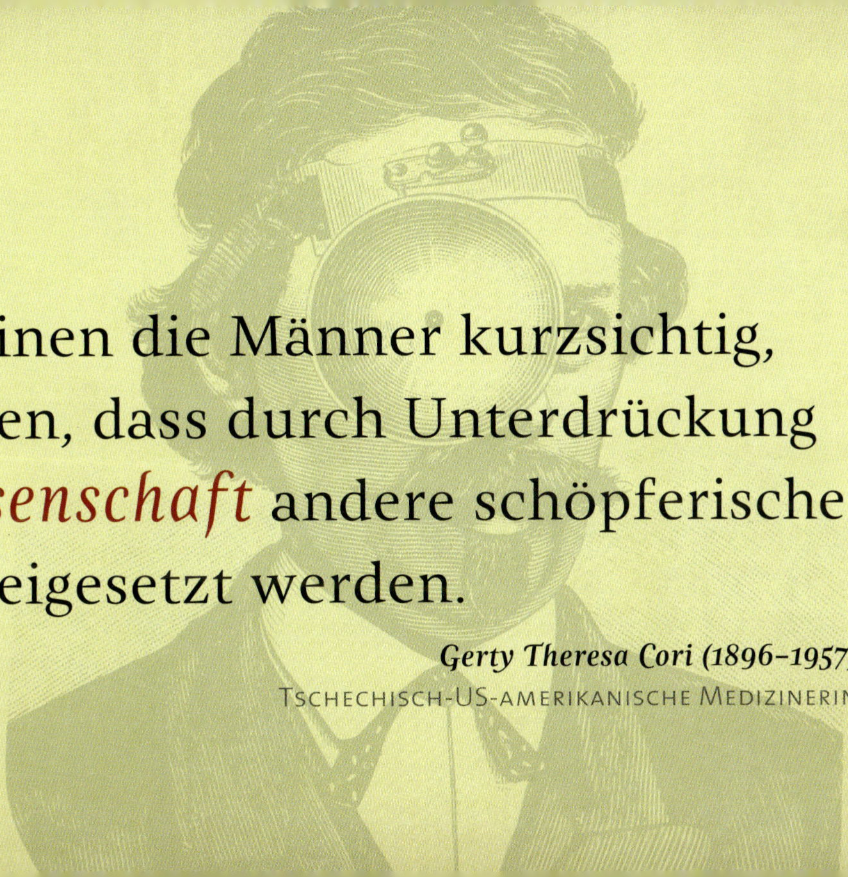

Mir scheinen die Männer kurzsichtig, die meinen, dass durch Unterdrückung der *Wissenschaft* andere schöpferische Kräfte freigesetzt werden.

Gerty Theresa Cori (1896–1957)

Tschechisch-US-amerikanische Medizinerin

Ich bin eine jüdische Frau,
eine *Intellektuelle* und eine Sozialistin –
– ein dreifacher Fluch!

Käte Frankenthal (1889–1976)

Deutsche Ärztin und Gesundheitspolitikerin

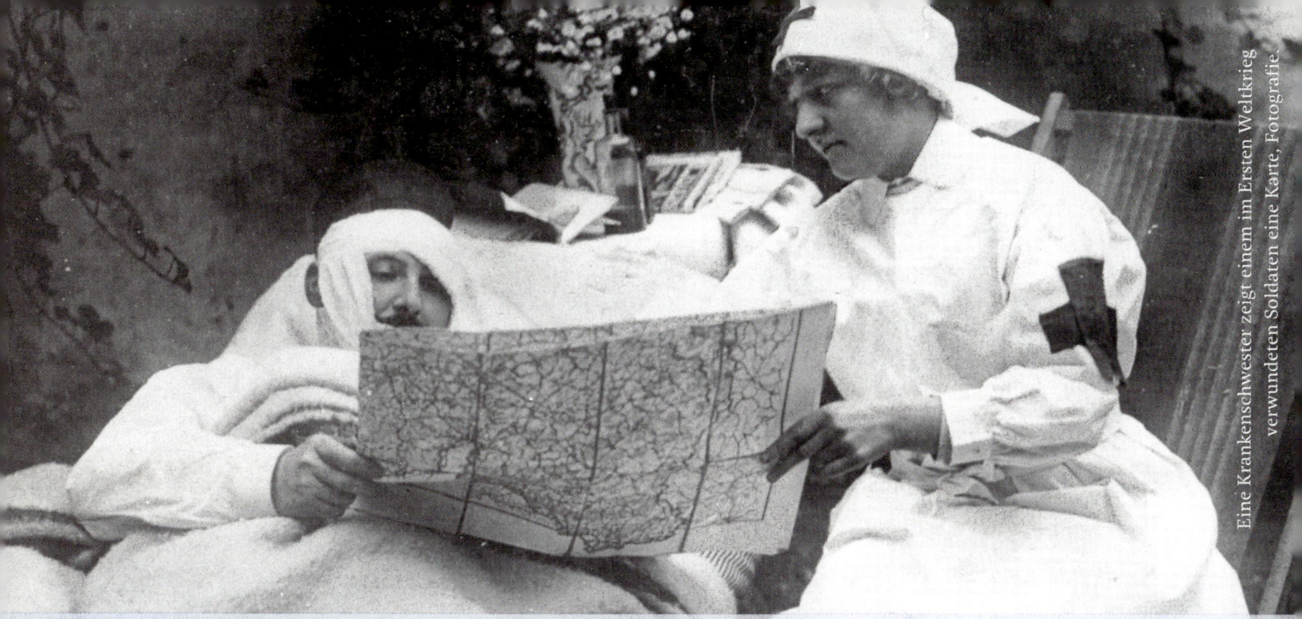

Eine Krankenschwester zeigt einem im Ersten Weltkrieg verwundeten Soldaten eine Karte, Fotografie.

Sichere, harmlose *Information* kann man von ausgebildeten Krankenschwestern erhalten.

Margaret Sanger (1879–1966)

US-AMERIKANISCHE KRANKENSCHWESTER

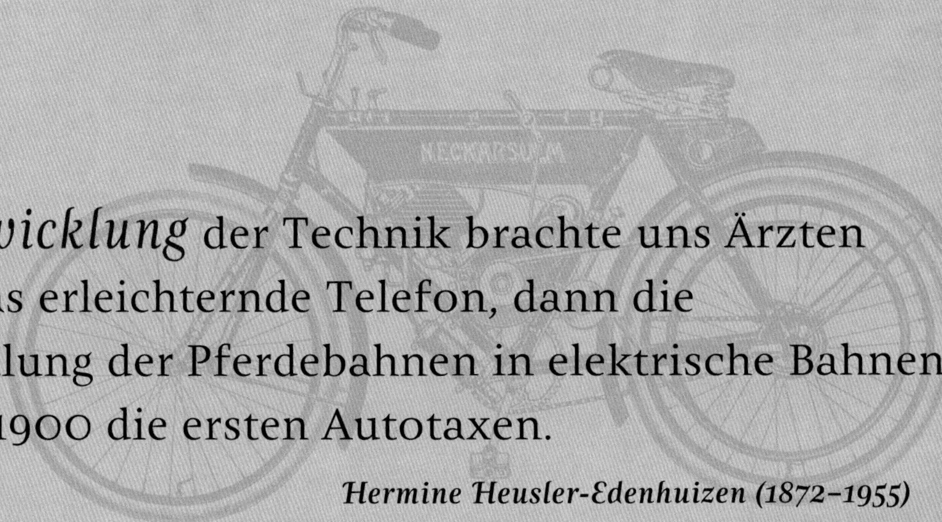

Die *Entwicklung* der Technik brachte uns Ärzten zuerst das erleichternde Telefon, dann die Umwandlung der Pferdebahnen in elektrische Bahnen und um 1900 die ersten Autotaxen.

Hermine Heusler-Edenhuizen (1872–1955)

Deutsche Frauenärztin

Unser
einziger Wunsch
ist *Frieden*
und Ruhe.

Anna Freud (1895–1982)

Österreichisch-britische Psychoanalytikerin

Anna Freud, undatierte Fotografie

Das Leben in München war inspirierend genug. Museen, Theater und Ausflüge in die Berge boten eine *lebendige Vielfalt* an Tätigkeiten.

Käte Frankenthal (1889–1976)

DEUTSCHE ÄRZTIN UND GESUNDHEITSPOLITIKERIN

Die Natur wirken zu lassen, die *Fortschritte,* welche sie auf ihrem Wege macht, zu beobachten, und allem, was ihr zuwider sein könnte, sich zu widersetzen, ist daher alles, was jener Zufall von unserer Dienstleistung fordert.

Marie-Anne-Victoire Boivin (1773–1841)
FRANZÖSISCHE HEBAMME

Liebend unternehmen wir aneinander gleichsam *Schwimmübungen* am Korken, während derer wir so tun, als sei der andere als solcher das Meer selber, das uns trägt.

Lou Andreas-Salomé (1861–1937)

Deutsche Psychoanalytikerin und Schriftstellerin

Freude ist
gesunde Kost.
Weisheit aus China

Wenn niemand etwas vor dem anderen *geheim* hält, wird keine gesellschaftliche Pflicht schwierig sein.

Marie Zakrzewska (1829–1902)

US-amerikanische Frauenärztin

Deutsche Krankenschwestern während des Ersten Weltkriegs, Fotografie

Lerne die Wunden durch die *Barmherzigkeit* heilen.

Hildegard von Bingen (1098–1179)

DEUTSCHE ÄBTISSIN UND HEILERIN

Sie wollen große Dinge tun; aber eine kurze Zeit im Amt ist genug, um dem politischen Idealisten zu zeigen, dass der nichts durchsetzen kann, dass seine Reformen im Wert gemindert und in den Staub gezogen werden müssen, sodass sie, selbst wenn sie Gesetzeskraft erlangen, vielleicht nicht bloß nicht mehr von *Nutzen* sind, sondern ein zwangsläufiges Übel.

Margaret Sanger (1879–1966)

US-amerikanische Krankenschwester

Wenn man in das harmonische Zimmer eintritt, fühlt man sich gleich besser und die Zeit vergeht rasch beim Anschauen der guten Bilder. Dies psychische Moment wird bei der Einrichtung der meisten ärztlichen *Wartezimmer* leider nicht genug beachtet.

Hermine Heusler-Edenhuizen (1872–1955)

DEUTSCHE FRAUENÄRZTIN

Der Arzt ist krank,
wenn jedermann *gesund* ist.
Weisheit aus Deutschland

Bete nicht um *leichtere* Last,
sondern um einen stärkeren Rücken.

Teresa von Avila (1515–1582)
Spanische Ordensgründerin und Heilerin

Der Fenchel hat *angenehme* Wärme.
Und wie auch immer er gegessen wird,
macht er den Menschen fröhlich
und macht gute Verdauung.

Hildegard von Bingen (1098–1179)
Deutsche Äbtissin und Heilerin

Es ist nicht einfach,
Pionierin zu sein –
aber oh, es ist
faszinierend!

Elizabeth Blackwell (1821–1910)

BRITISCHE ÄRZTIN

Elizabeth Blackwell (1707–1758, Namensvetterin der britischen Ärztin):
Der Lauch, Illustration aus ihrem Buch »A Curious Herbal«, 1737

Mathilde, Anna und Sophie Freud,
undatierte Fotografie

Ich habe immer außerhalb von mir
nach *Stärke und Zuversicht* gesucht,
aber sie kommt von innen. Sie ist immer dort.

Anna Freud (1895–1982)

Österreichisch-britische Psychoanalytikerin

Das, was wirklich zählt,
ist das, was man sich *erkämpfen* musste.

Hope Bridges Adams Lehmann (1855–1916)
Britisch-deutsche Ärztin

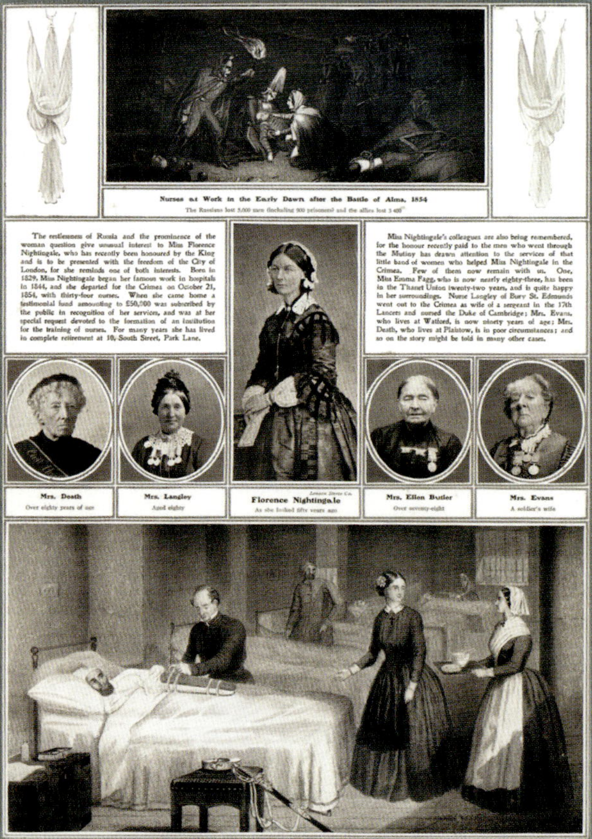

Nurses at Work in the Early Dawn after the Battle of Alma, 1854

The Russians lost 5,000 men (including 900 prisoners) and the allies lost 3 400"

The restlessness of Russia and the prominence of the woman question give unusual interest to Miss Florence Nightingale, who has recently been honoured by the King and is to be presented with the freedom of the City of London, for she reminds one of both interests. Born in 1829, Miss Nightingale began her famous work in hospitals in 1844, and she departed for the Crimea on October 21, 1854, with thirty-four nurses. When she came home a testimonial fund amounting to £50,000 was subscribed by the public in recognition of her services, and was at her special request devoted to the formation of an institution for the training of nurses. For many years she has lived in complete retirement at 10, South Street, Park Lane.

Miss Nightingale's colleagues are also being remembered, for the honour recently paid to the men who went through the Mutiny has drawn attention to the services of that little band of women who helped Miss Nightingale in the Crimea. Few of them now remain with us. One, Miss Emma Fagg, who is now nearly eighty-three, has been in the Thanet Union twenty-two years, and is quite happy in her surroundings. Nurse Langley of Bury St. Edmunds went out to the Crimea as wife of a sergeant in the 17th Lancers and nursed the Duke of Cambridge; Mrs. Evans, who lives at Watford, is now ninety years of age; Mrs. Death, who lives at Plaistow, is in poor circumstances; and so on the story might be told in many other cases.

Mrs. Death
Over eighty years of age

Mrs. Langley
Aged eighty

London Stereo Co.
Florence Nightingale
As she looked fifty years ago

Mrs. Ellen Butler
Over seventy-eight

Mrs. Evans
A soldier's wife

Florence Nightingale, Zeitungsausschnitt, undatiert

Frauen haben nicht eine halbe Stunde in ihrem *Leben*, die sie ihr Eigen nennen können, ohne zu fürchten, dass sie dann jemand anderen auf die Füße treten.

Florence Nightingale (1820–1910)

BRITISCHE KRANKENSCHWESTER

Ein jeder will gern ein verständiges Weib haben, aber die *Mittel* des Verstandes will man ihnen nicht zulassen.

Dorothea Erxleben (1715–1762)
DEUTSCHE ÄRZTIN

Unter *Gesundheit* verstehe ich die Kraft, ein volles, erwachsenes, lebendiges, atmendes Leben zu leben mit allem, was wir meinen, wenn wir von der äußeren Welt sprechen.

Katherine Mansfield (1888–1923)

Neuseeländisch-britische Schriftstellerin

Wie es auch für den Magen nicht gut wäre, wenn er ständig voll oder leer bliebe, so wäre es auch nichts für die Seele, wenn der *Körper* immerfort in fleischlichen Genüssen leben würde.

Hildegard von Bingen (1098–1179)
DEUTSCHE ÄBTISSIN UND HEILERIN

Klosterruine Disibodenberg, von 1106 bis 1148 lebte hier Hildegard von Bingen, Fotografie, 1997.

Nach dem Essen 300 Schritte,
und du brauchst keine Apotheke.
Weisheit aus China

Du musst es *wagen!*

Hermine Heusler-Edenhuizen (1872–1955)

DEUTSCHE FRAUENÄRZTIN

Giovanni Lorenzo Bernini: Die Verzückung der heiligen Therese, Skulptur, 1644/47; S. Maria della Vittoria, Cappella Cornaro, Rom

Unglücklich ist, wer nicht weiß, was *lieben* heißt.

***Teresa von Avila* (1515–1582)**

SPANISCHE ORDENSGRÜNDERIN UND HEILERIN

Jeder Gruppe erklärten wir, was Empfängnisverhütung ist; dass Abtreibung der falsche Weg ist – egal, wie früh sie durchgeführt wird, sie nimmt Leben; dass Verhütung der bessere Weg ist, der sicherere Weg – sie braucht nur wenig Zeit, ein paar Unannehmlichkeiten, aber ist die *Mühe* wert, weil das Leben noch nicht begonnen hat.

Margaret Sanger (1879–1966)

US-amerikanische Krankenschwester

Die Geburt ist der gefährlichste *Zeitabschnitt* des Lebens. Es ist dringend notwendig, den Gesundheitszustand von Neugeborenen rasch zu beurteilen und auftretende Krankheitssymptome sofort zu diagnostizieren, um geeignete Maßnahmen ergreifen zu können.

Virginia Apgar (1909–1974)
US-amerikanische Anästhesistin

Anna Freud beim Psychoanalyse-Kongress in Paris, Fotografie, 1938

Die Dinge sind nicht so, wie wir sie gerne hätten.
Es gibt nur eine *Möglichkeit*, damit umzugehen,
nämlich zu versuchen, selbst richtig zu sein.

***Anna Freud* (1895–1982)**

ÖSTERREICHISCH-BRITISCHE PSYCHOANALYTIKERIN

Die Erde ist unsere
Mutter, sie ernährt uns:
Was wir pflanzen,
gibt sie uns zurück,
und auf diese Weise
schenkt sie uns die Pflanzen,
die uns heilen.
Indianische Weisheit

Ich beschloss, mich durch nichts vom *Studieren* abhalten zu lassen.

Dorothea Erxleben (1715–1762)

Deutsche Ärztin

Wahrhaftig, einer, die sehnsüchtig wartet, wird alles lang.

Teresa von Avila (1515–1582)

SPANISCHE ORDENSGRÜNDERIN UND HEILERIN

Der sicherste Weg,
Disziplin zu testen,
ist ihre Abwesenheit.

Clara Barton (1821–1912)
US-AMERIKANISCHE KRANKENSCHWESTER

Clara Barton, Fotografie, 1906

Ich will nicht sterben,
bevor ich aufgebraucht bin.

Gertrude Belle Elion (1918–1999)
US-amerikanische Pharmakologin

Rosalind Franklin war Pionierin der Molekularbiologie, undatierte Fotografie

Für mich erklärt die Wissenschaft teilweise das Leben. So weit sie reicht, basiert sie auf Fakten, *Erfahrung* und Experimenten.

Rosalind Franklin (1920–1958)

BRITISCHE DNS-FORSCHERIN

Der Seele *Freude* ist es,
im Leibe wirksam zu sein.

Hildegard von Bingen (1098–1179)
DEUTSCHE ÄBTISSIN UND HEILERIN

Die Medizin ist
eine Leuchte *ins Innere.*
Weisheit aus Afrika

Ein *Rad* wäre ein besseres Geschenk als ein Ballkleid oder eine Spitzengarnitur.

Hope Bridges Adams Lehmann (1855–1916)

Britisch-deutsche Ärztin

Wolfgang Thieme: Die katholische Ordensschwester und Friedensnobelpreisträgerin Mutter Teresa beim Besuch in Karl-Marx-Stadt, Fotografie, 1988

Wir können keine *großen* Dinge vollbringen – nur kleine, aber die mit großer Liebe.

Mutter Teresa (1910–1997)

RÖMISCH-KATHOLISCHE ORDENSSCHWESTER

Deine Liebe
macht mir *Mut*.
Angela Maria Autsch (1900–1944)
Deutsche Ordensschwester

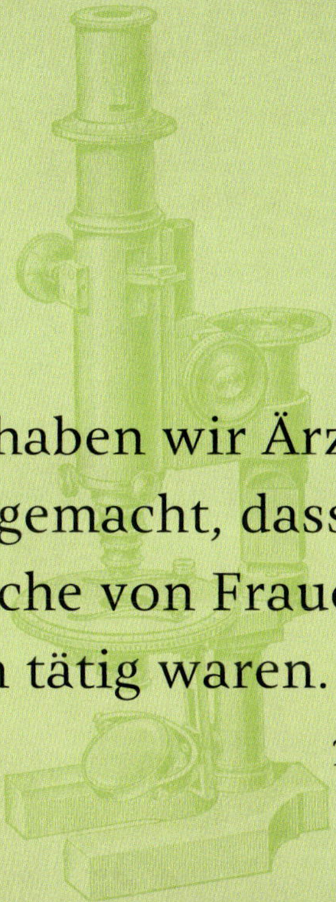

Tatsächlich haben wir Ärztinnen alle die *Erfahrung* gemacht, dass wir aus gehobenen Kreisen zur Hauptsache von Frauen konsultiert wurden, die beruflich tätig waren.

Hermine Heusler-Edenhuizen (1872–1955)

DEUTSCHE FRAUENÄRZTIN

Das Einzige, was ich für mich behaupten kann, ist, dass ich Menschen die Methodik näherbringe. Die ganze *Arbeit* machen sie selbst.

Gertrude Belle Elion (1918–1999)

US-amerikanische Pharmakologin

Ein *Wein* von der Rebe,
im Falle er rein ist,
macht dem Menschen
gutes und gesundes Blut.
Hildegard von Bingen (1098–1179)
Deutsche Äbtissin und Heilerin

Florence Nightingale, Fotografie, 1880

Sie fragen mich, warum ich nicht schreibe. Ich denke, *Gefühle* gehen in den Worten verloren. Sie sollten alle in Aktionen umgewandelt werden, und zwar in Aktionen, die Ergebnisse bringen.

Florence Nightingale (1820–1910)

Britische Krankenschwester

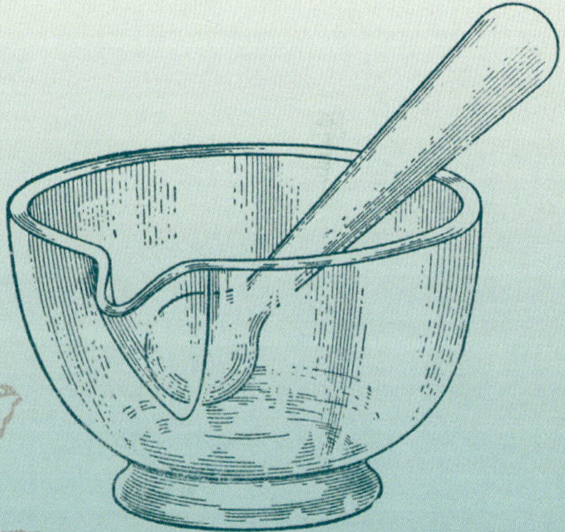

Bildnachweis

Coverfotografie: picture-alliance/Mary Evans Picture Library;

S. 7: picture-alliance/akg-images; S. 9: picture-alliance/Everett Collection; S. 11: picture-alliance/Mary Evans Picture Library/THE W; S. 12: Getty Images/Thinkstock; S. 14: picture-alliance/akg-images; S. 17: picture-alliance/imagestate/HIP/The British Library; S. 19: picture-alliance/Courtesy Everett Collection; S. 21: Getty Images/Thinkstock; S.22: picture-alliance/Quagga Illustrations; S. 25: picture-alliance/Mary Evans Picture Library/Winchester College/In aid of Mar; S. 27: picture-alliance/Mary Evans Picture Library; S. 29: picture-alliance/Courtesy Everett Collection; S. 31: picture-alliance/akg-images; S. 33: picture-alliance/newscom/Picture History; S. 34: picture-alliance/IMAGNO/Sigmund Freud Privatstiftung; S. 36: Getty Images/Thinkstock; S. 39: picture-alliance/Everett Collection; S. 41: picture-alliance/akg-images; S. 42: picture-alliance/Bildarchiv Monheim; S. 47: Getty Images/Thinkstock; S. 49: picture-alliance/Süddeutsche Zeitung Photo; S.51: picture-alliance/imagestate/HIP; S. 52: Getty Images/Thinkstock; S. 54: picture-alliance/Mary Evans Picture Library; S.57: picture-alliance/Artcolor; S. 59: Getty Images/Thinkstock; S. 61: picture-alliance/ZB; S. 63: picture-alliance/akg-images; S.65: picture-alliance/dpa; S. 67: picture-alliance/dpa; S. 69: Getty Images/Thinkstock; S.71: picture-alliance/Mary Evans Picture Library; S. 73: picture-alliance/akg-images; S. 74: picture-alliance/Mary Evans Picture Library; S. 76: picture-alliance/akg-images/Erich Lessing; S. 79: picture-alliance/Berliner_Kurier; S.81: picture-alliance/Mary Evans Picture Library; S. 83: picture-alliance/Everett Collection; S. 84: Getty Images/Thinkstock; S.87: picture-alliance; S. 89: picture-alliance/Arco Images GmbH; S. 90 Getty Images/Thinkstock; S. 93: picture-alliance/Courtesy Everett Collection; S. 95: picture-alliance/newscom/Picture History; S. 96: picture-alliance/IMAGNO/Sigmund Freud Privatstift; S. 99: picture-alliance/akg-images; S. 100: Getty Images/Thinkstock; S. 103: picture-alliance/Everett Collection; S. 105: picture-alliance/dpa; S. 106: Getty Images/Thinkstock; S. 109: picture-alliance/Courtesy Everett Collection; S. 111: picture-alliance/Prisma Archive; S. 113: picture-alliance/Photoshot; S. 114: picture-alliance/akg-images/Erich Lessing; S. 117: picture-alliance/Mary Evans Picture Library; S.119: picture-alliance/ZB; S.120: Getty Images/Thinkstock;

S.122: Getty Images Thinkstock; S.125: picture-alliance/Süddeutsche Zeitung Photo; S.127: picture-alliance/akg-images; S.129: picture-alliance/IMAGNO/Sigmund Freud Privatstiftung; S.131: picture-alliance/Everett Collection; S.123: picture-alliance/akg-images; S.135: picture-alliance/Everett Collection; S.137: picture-alliance/maxppp; S.139: Getty Images/Thinkstock; S.140: Getty Images/Thinkstock; S.143: picture-alliance/dpa; S.145: picture-alliance/Everett Collection; S.146: Getty Images/Thinkstock; S.149: picture-alliance/Everett Collection; S.151: picture-alliance/akg-images/Alfons Rath; S.153: picture-alliance/Mary Evans Picture Library; S.155: picture-alliance/Everett Collection; S.158: picture-alliance/Mary Evans Picture Library; S.161: picture-alliance/Mary Evans/Vanessa Wagstaff Coll; S.163: picture-alliance/akg-images; S.165: picture-alliance/Mary Evans Picture Library; S.167: Getty Images/Thinkstock; S.168: picture-alliance/Mary Evans Picture Library; S.170: Getty Images/Thinkstock; S.173: picture-alliance/akg-images; S.175: picture-alliance/IMAGNO/Sigmund Freud Privatstiftung; S.177: Getty Images/Thinkstock; S.179: Getty Images/Thinkstock; S.181: picture-alliance/akg-images; S.183: picture-alliance/United Archives/TopFoto; S.184: picture-alliance/Quagga Illustrations; S.187: picture-alliance/Everett Collection; S.188: Getty Images/Thinkstock; S.191: picture-alliance/IMAGNO/Austrian Archives; S.192: Getty Images/Thinkstock; S.195: picture-alliance/Süddeutsche Zeitung Photo; S.197: picture-alliance/Mary Evans Picture Library; S.198: Getty Images/Thinkstock; S.201: Getty Images/Thinkstock; S.203: picture-alliance/Süddeutsche Zeitung Photo; S.205: Getty Images/Thinkstock; S.206: Getty Images/Thinkstock; S.209: picture-alliance/imagestate/HIP/The British Library; S.210: picture-alliance/IMAGNO/Sigmund Freud Privatstiftung; S.212: picture-alliance/The Advertising Archives; S.215: picture-alliance/akg-images; S.216: Getty Images/Thinkstock; S.218: picture-alliance/akg-images/Joseph Martin; S.221: picture-alliance/Mary Evans Picture Library; S.222: Getty Images/Thinkstock; S.225: picture-alliance/Everett Collection; S.227: picture-alliance/imagestate/HIP/Jewish Chronicle Ltd; S.229: Getty Images/Thinkstock; S.231: picture-alliance/ZB; S.232: Getty Images/Thinkstock; S.235: Getty Images/Thinkstock; S.236: picture-alliance/Everett Collection.

In einigen Fällen war es nicht möglich, für den Abdruck der Texte die Rechteinhaber zu ermitteln. Honoraransprüche der Autoren, Verlage und ihrer Rechtsnachfolger bleiben gewahrt.

Abbildungen: dpa, fotolia, Getty Images/Thinkstock
Grafische Elemente: dover, istockphoto.com
Innengestaltung: Eva Schindler
ISBN 978-3-7607-3492-7
Printed by Tien Wah Press
www.arsedition.de

Weitere Titel von arsEdition

365 Tage mit
Hildegard von Bingen
ISBN 978-3-7607-3693-8
€ 12,95

Lebensweisheiten
ISBN 978-3-7607-8349-9
€ 12,95

Antoine de Saint-Exupèry:
Man sieht nur mit dem
Herzen gut ...
ISBN 978-3-7607-5355-3
€ 12,95

Sergio Bambaren:
Höre nie auf zu träumen
ISBN 978-3-7607-3684-6
€ 12,95

Mehr Geschenkideen unter www.arsedition.de

Weitere Titel von arsEdition

Kluge Frauen & ihre Gärten
ISBN 978-3-7607-6323-1
€ 12,99

Kluge Frauen,
die unsere Welt bewegen
ISBN 978-3-7607-6321-7
€ 12,95

Kluge Frauen der Weltliteratur
ISBN 978-3-7607-8731-2
€ 12,99

Kluge Frauen
& ihre Katzen
ISBN 978-3-7607-6413-9
€ 19,99

Kluge Frauen
ISBN 978-3-7607-6341-5
€ 4,99

Kluge Frauen
Notizbuch
GTIN 40-14489-10113-0
€ 9,99

Mehr Geschenkideen unter www.arsedition.de